Lars O. Wiemann

Neue Biokatalysatoren für die weiße Biotechnologie

Lars O. Wiemann

Neue Biokatalysatoren für die weiße Biotechnologie

Entwicklung stabiler Enzympräparate zur Verwendung als industrielle Biokatalysatoren

Südwestdeutscher Verlag für Hochschulschriften

Impressum/Imprint (nur für Deutschland/only for Germany)
Bibliografische Information der Deutschen Nationalbibliothek: Die Deutsche Nationalbibliothek verzeichnet diese Publikation in der Deutschen Nationalbibliografie; detaillierte bibliografische Daten sind im Internet über http://dnb.d-nb.de abrufbar.
Alle in diesem Buch genannten Marken und Produktnamen unterliegen warenzeichen-, marken- oder patentrechtlichem Schutz bzw. sind Warenzeichen oder eingetragene Warenzeichen der jeweiligen Inhaber. Die Wiedergabe von Marken, Produktnamen, Gebrauchsnamen, Handelsnamen, Warenbezeichnungen u.s.w. in diesem Werk berechtigt auch ohne besondere Kennzeichnung nicht zu der Annahme, dass solche Namen im Sinne der Warenzeichen- und Markenschutzgesetzgebung als frei zu betrachten wären und daher von jedermann benutzt werden dürften.

Coverbild: www.ingimage.com

Verlag: Südwestdeutscher Verlag für Hochschulschriften GmbH & Co. KG
Dudweiler Landstr. 99, 66123 Saarbrücken, Deutschland
Telefon +49 681 37 20 271-1, Telefax +49 681 37 20 271-0
Email: info@svh-verlag.de

Zugl.: Berlin, TU, Diss., 2010

Herstellung in Deutschland:
Schaltungsdienst Lange o.H.G., Berlin
Books on Demand GmbH, Norderstedt
Reha GmbH, Saarbrücken
Amazon Distribution GmbH, Leipzig
ISBN: 978-3-8381-2566-4

Imprint (only for USA, GB)
Bibliographic information published by the Deutsche Nationalbibliothek: The Deutsche Nationalbibliothek lists this publication in the Deutsche Nationalbibliografie; detailed bibliographic data are available in the Internet at http://dnb.d-nb.de.
Any brand names and product names mentioned in this book are subject to trademark, brand or patent protection and are trademarks or registered trademarks of their respective holders. The use of brand names, product names, common names, trade names, product descriptions etc. even without a particular marking in this works is in no way to be construed to mean that such names may be regarded as unrestricted in respect of trademark and brand protection legislation and could thus be used by anyone.

Cover image: www.ingimage.com

Publisher: Südwestdeutscher Verlag für Hochschulschriften GmbH & Co. KG
Dudweiler Landstr. 99, 66123 Saarbrücken, Germany
Phone +49 681 37 20 271-1, Fax +49 681 37 20 271-0
Email: info@svh-verlag.de

Printed in the U.S.A.
Printed in the U.K. by (see last page)
ISBN: 978-3-8381-2566-4

Copyright © 2011 by the author and Südwestdeutscher Verlag für Hochschulschriften GmbH & Co. KG and licensors
All rights reserved. Saarbrücken 2011

Inhaltsverzeichnis

Inhaltsverzeichnis _____ i

Symbole und Abkürzungen _____ iv

1   Einleitung _____ 1

    1.1   Enzyme als Biokatalysatoren _____ 1

    1.2   Lipasen als Biokatalysatoren _____ 4

    1.3   Industrielle Herstellung von Emollientestern – chemisches vs. bio- katalytisches Verfahren _____ 6

    1.4   Immobilisierung - Optimierung industrieller Biokatalysatoren _____ 11

       1.4.1   Grundlegende Anforderungen an industrielle Biokatalysatoren _____ 11

       1.4.2   Allgemeine Methoden der Immobilisierung und Anwendungsbeispiele ___ 11

       1.4.3   Immobilisierte Lipasen - Novozym 435 _____ 14

       1.4.4   Silicon – ein stabiles Material zur Immobilisierung von Lipasen _____ 16

    1.5   Zielsetzung _____ 19

2   Material und Methoden _____ 21

    2.1   Material _____ 21

       2.1.1   Chemikalien _____ 21

       2.1.2   Geräte _____ 23

    2.2.   Methoden _____ 24

       2.2.1   Herstellung der siliconbeschichteten Partikel _____ 24

       2.2.2   Immobilisierung der CALB auf VP OC 1600 _____ 25

       2.2.3   Quellungsverhalten der Silicone _____ 25

       2.2.4   Bestimmung des Proteingehalts nach Bradford _____ 26

       2.2.5   Bestimmung der enzymatischen Aktivitäten _____ 26

          2.2.5.1   Hydrolytische Lipaseaktivität in Lipase *Units* (LU) _____ 26

          2.2.5.2   Hydrolytische Esteraseaktivität in Esterase *Units* (EU) _____ 27

          2.2.5.3   Lösungsmittelfreie Propyllauratsyntheseaktivität (PLU) _____ 27

          2.2.5.4   Propyllauratsyntheseaktivität (PLU_{org}) in organischem Lösungsmittel ___ 28

          2.2.5.5   Bestimmung der hydrolytischen Proteaseaktivität von Subtilisin _____ 28

          2.2.5.6   Bestimmung der Laccaseaktivität _____ 28

       2.2.6   Bestimmung der Desorptionsstabilität der Immobilisate _____ 29

          2.2.6.1   Desorptionsstabilität in MeCN/Wasser _____ 29

          2.2.6.2   Desorptionsstabilität in Antil® 141 _____ 29

       2.2.7   Bestimmung der mechanischen Stabilität der Partikel _____ 30

	2.2.7.1	Schwingmühle	30
	2.2.7.2	Rühren in Laurinsäure	30
2.2.8		Partikelcharakterisierung	30
	2.2.8.1	Rasterelektronenmikroskopie (REM)	30
	2.2.8.2	Energiedispersive Röntgenspektroskopie (EDX)	31
	2.2.8.3	Transmissionselektronenmikroskopie (TEM)	31
2.2.9		Bestimmung der spezifischen Partikeloberfläche (nach BET) und der Porengrößen (Hg-Porosimetrie)	31
	2.2.9.1	BET-Methode (nach Brunauer, Emmett und Teller, 1937)	31
	2.2.9.2	Hg-Porosimetrie (nach Barret-Joyner-Halenda)	31
2.2.10		Abgeschwächte Totalreflexion Fourier-Transformations-Infrarotspektro-skopie (ATR-FTIR)	32

3 Ergebnisse und Diskussion — 33

3.1 Beschichtung von Novozym 435 mit Silicon — 33

- 3.1.1 Auswahl und Eigenschaften der Silicone — 33
  - 3.1.1.1 Die Siloxanmonomere und ihre Eigenschaften — 33
  - 3.1.1.2 Herstellung der Siliconelastomere — 35
  - 3.1.1.3 Quellungsverhalten der Siliconelastomere — 36
- 3.1.2 Herstellung von siliconbeschichtetem Novozym 435 im Labormaßstab — 39
- 3.1.3 Charakterisierung der siliconbeschichteten Novozym 435-Partikel — 42
  - 3.1.3.1 Quellungsverhalten der siliconbeschichteten Novozym 435-Partikel — 42
  - 3.1.3.2 Energiedispersive Röntgenspektroskopie (EDX) — 44
  - 3.1.3.3 Spezifische Oberfläche und Porenvolumen — 46
  - 3.1.3.4 Vorgang des Auffüllens der Novozym 435-Partikel mit Silicon auf Porenebene — 48
  - 3.1.3.5 Einfluss der Beschichtung auf die Lage der Enzymschicht im Träger — 50
- 3.1.4 Optimierung der Silicon-Polymere und der Beschichtungsmengen — 53
- 3.1.5 Aktivitäten siliconbeschichteter Novozym 435-Partikel — 55
  - 3.1.5.1 Hydrolytische Aktivität (Lipase *Units*) — 55
  - 3.1.5.2 Veresterungsaktivität (Propyllaurat *Units*) in Methylcyclohexan — 57
  - 3.1.5.3 Lösungsmittelfreie Veresterungsaktivität (Propyllaurat *Units*) — 58
- 3.1.6 Mechanische Stabilität siliconbeschichteter Novozym 435-Partikel — 62
- 3.1.7 Leachingstabilität siliconbeschichteter Novozym 435-Partikel — 68
  - 3.1.7.1 *Enzymleaching* in Gegenwart von Cosolventien (MeCN/Wasser) — 69
  - 3.1.7.2 *Enzymleaching* in Gegenwart tensidischer Substrate bzw. Produkte — 75
- 3.1.8 Technisches Anwendungspotential von siliconbeschichtetem Novozym 435 — 76

3.2 Entwicklung eines technischen Verfahrens zur Beschichtung von Novozym 435 mit Silicon — 78

- 3.2.1 *Dip-Coating* — 78
- 3.2.2 Beschichtung im Pelletierteller — 82
- 3.2.3 Beschichtung im Wirbelschichtverfahren — 85
  - 3.2.3.1 Theoretische Grundlagen zur Beschichtung im Wirbelschichtverfahren — 86

3.2.3.2	Beschichtungsprozess im Wirbelschichtverfahren	89
3.2.3.3	Beschichtungsergebnisse	93
3.2.4	Ausblick zur technischen Beschichtung	97

3.3 Ausweitung der Siliconbeschichtung auf andere Enzymimmobilisate **98**

    3.3.1 Siliconbeschichtung eines eigenen Lipaseimmobilisats (adsorptiv an Lewatit VP OC 1600 gebundene CALB) ___ 98

    3.3.2 Siliconbeschichtung anderer kommerzieller Lipasepräparate ___ 102

        3.3.2.1 Immobilisate auf Basis der CALB am Beispiel von LCAHN (SPRIN lipo CALB) ___ 102

        3.3.2.2 Lipase aus *Rhizomucor miehei* auf Duolite (Lipozym RM IM) ___ 105

    3.3.3 Esterasen ___ 106

    3.3.4 Proteasen (Subtilisin *Carlsberg*) ___ 107

    3.3.5 Laccasen ___ 111

    3.3.6 Fazit: Ausweitung der Siliconbeschichtung auf andere Enzymimmobilisate ___ 113

4 Zusammenfassung ___ **116**

5 Literatur ___ **119**

Symbole und Abkürzungen

ρ	Dichte [kg/m^3]
η	Viskosität (mPa/s)
ABTS	2,2'-Azinobis-(3-ethylbenzthiazolin-6-sulfonsäure)
AG	Aktiengesellschaft
Asp	Asparaginsäure
ATR	Abgeschwächte Totalreflexion
BET	Brunauer, Emmett und Teller-Methode zur Stickstoffadsorption
BJH	Barrett, Joyner und Halenda-Methode zur Porositätsbestimmung
BSA	Rinderserumalbumin (*bovine serum albumin*)
CALB	*Candida antarctica* Lipase B
DIN	Deutsche Industrie Norm
DMF	*N,N*-Dimethylformamid
DMSO	Dimethylsulfoxid
EC	*Enzyme commission*
EDX	Energiedispersive Röntgen-Spektroskopie
engl.	Englisch
ERO	Esterase aus *Rhizopus oryzae*
EU	Esterase *Units*
FDA	*Food and Drug Aministration* (USA)
FID	Flammenionisationsdetektor
FTIR	Fourier-Transformations-Infrarotspektroskopie
GC	Gaschromatograph
h	Stunde
His	Histidin
HIV	*Human immunodeficiency virus*
Hg	Quecksilber
IEP	Isoelektrischer Punkt
INC	*Interpenetrating network composite*
immob.	Immobilisiert
ISO	Internationale Organisation für Normung
IUBMB	*International Union of Biochemistry and Molecular Biology*
K	Kelvin (thermodynamische Temperatur) [-]

kDa	Kilodalton (10^3 Dalton)
KGV	Korngrößenverteilung [%]
kV	Kilovolt (10^3 Volt)
LU	Lipase *Units*
m	Masse [g oder kg]
MeCN	Acetonitril
MSTFA	*N*-Methyl-*N*-(trimethylsilyl)-2,2,2-trifluoracetamid
MW	Molekulargewicht [g/Mol]
nA	Nanoampere [10^{-9} Ampere]
NMR	*Nuclear magnetic resonance* (Kern(spin)resonanzspektroskopie)
Novozym 435	Kommerziell erhältliches CALB-Immobilisat (Novozymes, DK)
PDMS	Polydimethylsiloxan
PLU	Propyllauratunits im lösungsmittelfreien System
PLU$_{org}$	Propyllauratunits in Methylcyclohexan als Lösungsmittel
PMMA	Polymethylmethacrylat
ppm	*Parts per million*
REM	Rasterelektronenmikroskopie
RT	Raumtemperatur
Ser	Serin
SDS	Natriumdodecylsulfat (*sodium dodecyl sulfate*)
STR	Rührwerksreaktor (*stirred-tank reactor*)
t	Zeit [Minute oder Stunde]
TEM	Transmissionselektronenmikroskopie
TEOS	Tetraethoxyorthosilikat
TMOS	Tetramethoxyorthosilikat
U	*Unit* (Enzymaktivität in µmol Produkt pro Minute)
UV	Ultraviolett
V	Volumen
Vis	Sichtbarer Bereich des Lichts (engl. *visible*)
VOC	*Volatile organic compounds*
ZELMI	Zentraleinrichtung Elektronenmikroskopie (TU Berlin)
(w/w)	Gewichtsprozent (*weight per weight*)

1 Einleitung

1.1 Enzyme als Biokatalysatoren

Der Begriff „Enzym" wurde bereits im Jahre 1876 von dem deutschen Physiologen Wilhelm F. Kühne eingeführt [Aehle, 2007]. Als Enzyme werden heutzutage proteinogene Katalysatoren biologischen Ursprungs bezeichnet, die die Natur über Jahrmillionen im Rahmen evolutiver Prozesse fortwährend weiterentwickelt und optimiert hat. Aufgrund dessen werden sie auch als Biokatalysatoren bezeichnet. Sie sind in der Lage zahlreiche chemische Reaktionen, wie Synthesen, Umwandlungen und Abbauprozesse zu katalysieren und sind grundsätzlich in der Lage Hin- und Rückreaktion zu katalysieren [Hanefeld et al., 2008]. Dabei beschleunigen sie die Reaktionsgeschwindigkeiten um Faktoren 10^8 bis 10^{14} [Azerad, 1995] und gehen dabei, abgesehen von einigen wenigen Ausnahmen, selbst unverändert aus der Reaktion hervor. In Übereinstimmung mit der Nomenklatur der IUBMB (*International Union of Biochemistry and Molecular Biology*) werden Enzyme anhand ihrer Reaktionsspezifitäten in sechs Enzymklassen unterteilt (Tabelle 1).

Tabelle 1: Die sechs Enzymklassen nach IUBMB.

Enzymklasse	Katalysierte Reaktionen
1. Oxidoreduktasen	Transfer von Sauerstoff, Wasserstoff und Elektronen
2. Transferasen	Transfer von Atomgruppen, wie Amino-, Acetyl-, Phosphoryl-, oder Glykosyl-Reste
3. Hydrolasen	Hydrolytische Spaltungen
4. Lyasen	Anlagerungen an CC-, CN- und CO-Doppelbindungen und deren Rückreaktion
5. Isomerasen	Umwandlung isomerer Formen ineinander
6. Ligasen	Ligation (Verknüpfung) zweier Substratmoleküle unter NTP*-Verbrauch

*NTP: Nukleosidtriphosphat

Die meisten Enzyme entfalten bereits bei moderaten Temperaturen (20-45 °C), in wässrigem Milieu bei ebenfalls moderaten pH-Bereichen (6-8) höchste Aktivitäten, wodurch das Auftreten thermischer Nebenreaktionen wie Isomerisierungen, Epimerisierungen und Racemerisierungen stark verringert oder ganz vermieden wird [Patel, 2001]. Ein weiterer Vorteil von Enzymen ist die üblicherweise sehr hohe Regio- und Stereospezifität selbst bei Verwendung hochkomplexer Eduktmischungen. Diese Eigenschaften, sowie die Tatsache, dass Enzyme Katalysatoren biologischen Ursprungs sind, bedingen eine äußerst günstige Energie- und Abfallbilanz [Bommarius und Riebel, 2004].

Die häufigsten Nachteile von Enzymen zur Nutzung als Biokatalysatoren liegen in ihren geringen Stabilitäten gegenüber hohen Temperaturen und Drücken, starker mechanischer Beanspruchung, extremen pH-Werten oder hohen Edukt- und Produktkonzentrationen, die fast unausweichlich in technischen Prozessen auftreten. Mitunter können auch hohe Bereitstellungskosten für isolierte Enzyme problematisch sein. Dennoch hat die Verwendung von Biokatalysatoren, und insbesondere von isolierten Enzymen, in der Industrie in den letzten Jahrzehnten zunehmende Bedeutung erlangt. Inzwischen wurden selbst etablierte chemische Verfahren aufgrund entsprechender Wirtschaftlichkeit durch Enzym-katalysierte Prozesse ersetzt [Liese et al., 2000]. Dazu beigetragen haben fortwährende Weiterentwicklungen und Optimierungen im Bereich der Biotechnologie, Enzymtechnologie, Proteinchemie und angrenzender Forschungsdisziplinen. Ein großen Beitrag zur Entdeckung bzw. zur Verbesserung diverser neuer technisch-nutzbarer Enzyme leisteten moderne molekularbiologische Methoden, wie das *Metagenom-Screening* [Drepper et al., 2006; Lorenz et al., 2002] und das *Protein-Engineering* durch gerichtete Evolution [Schoemaker et al., 2003]. Nach derzeitigen Schätzungen sind mehr als 4000 Enzyme identifiziert und beschrieben worden, von denen aber höchstens 10 % kommerziell erhältlich sind, und nochmals deutlich weniger für technische Prozesse genutzt werden [Bommarius und Riebel, 2004]. Aktuelle Metagenomanalysen legen den Schluss nahe, dass zurzeit maximal 1 % (tendenziell eher 0,1 %) aller auf der Erde vorkommenden Mikroorganismen unter Laborbedingungen kultivierbar sind [Drepper et al., 2006]. Nicht zuletzt dadurch ist das volle Potential von Enzymen als Biokatalysatoren noch bei weitem nicht voll ausgeschöpft worden. Auch ein neues Forschungsgebiet, das als „synthetische Biologie" bezeichnet wird, könnte in Zukunft einen großen Beitrag zur Ausweitung biokatalytischer Prozesse auf ganz neue Reaktionssysteme leisten [Serrano, 2007].

Ein klassisches Einsatzgebiet isolierter Enzyme ist als Zusatzstoff für Waschmittel zum Aufschluss von Nahrungsmittelresten bei moderaten Temperaturen. Dabei stellen Proteasen neben den Lipasen mengenmäßig den größten Anteil [Straathof et al., 2002]. Darüber hinaus kommen aber auch Cellulasen, sowie Amylasen und Amyloglukosidasen zum Aufschluss von stärkehaltigen Verunreinigungen zur Anwendung. Ein weiteres wichtiges Einsatzgebiet liegt in der Lebensmittelindustrie, wo bspw. Cellulasen und Pektinasen zur Mazerierung von Gemüse- und Obstbreien oder zum Klären von Fruchtsäften zum Einsatz kommen [Hartmeier, 1986]. Erfolgreiche Beispiele für die Verwendung von Biokatalysatoren in ursprünglich chemischen Prozessen sind die Nitrilase-katalysierte Acrylamidherstellung der Nitto Chemicals Amano (Japan), die Penicillinspaltung mittels Penicillinacylase, die dynamisch-kinetische Racematspaltung zur Herstellung von *L*-Aminosäuren und die Herstellung chiraler Alkohole unter Verwendung

Cofaktor-abhängiger Alkoholdehydrogenasen im Enzym-Membran-Reaktor [Wichmann *et al.*, 1981]. In letzter Zeit kommt es zu einer verstärkten Nutzung von Enzymen für die stereo- und enantioselektive Synthese von pharmazeutischen Produkten. Dies basiert vor allem auf einem zunehmenden Bewusstsein dafür, dass die Einnahme von Razematen starke Wirkunterschiede beim Menschen hervorrufen kann. Zusätzlich wurde die Suche nach chiralen Produkten in enantiomerenreiner Form durch ein von der FDA (*Food and Drug Administration*) in den USA im Jahre 1992 verabschiedetes Gesetz forciert [Breuer *et al.*, 2004]. Außerdem hat die zunehmende Komplexität der Zielprodukte zur Folge, dass bei der chemischen Herstellung von Pharmazeutika sehr viele einzelne und aufwändige Syntheseschritte erforderlich sind (durchschnittlich acht), die jedoch durch Verwendung von Biokatalysatoren bis auf einige wenige Syntheseschritte reduziert werden können [Carey *et al.*, 2006].

Der Einsatz von Biokatalysatoren zur industriellen Herstellung von Bulk- und Feinchemikalien wird unter dem Begriff „Weiße Biotechnologie" zusammengefasst [Linton *et al.*, 2008]. Dabei unterscheidet die OECD gegenwärtig zwei grundlegende Forschungsrichtungen: Zum einen gilt es durch Verwendung von nachwachsenden Rohstoffen nachhaltigen Ersatz für die endlichen fossilen Brennstoffe zu finden, und zum anderen neue biotechnologische Verfahren zur Herstellung konventioneller Chemikalien durch Einsatz von Biokatalysatoren zu etablieren. Der klare Vorteil gegenüber vielen bestehenden chemischen Verfahren liegt hier in der Kombination aus ökonomischen und ökologischen Stärken. Biokatalytische Verfahren ermöglichen u.a. Vereinfachungen bei der Aufreinigung („Downstream Processing"), erhöhte Produktqualität und Reinheit, den vollständigen Verzicht auf toxische Komponenten wie Metallkatalysatoren, starke Säuren/Basen und organische Lösungsmittel, und aufgrund der moderaten Reaktionstemperaturen enorme Energieeinsparungen, die wiederum geringere CO_2-Ausstöße bedingen [Bevan und Fransen, 2006; Hilterhaus *et al.*, 2008]. Diese Vorteile und die aktuellen Entwicklungen und Innovationen in der biotechnologischen Forschung und Entwicklung haben eine kontinuierliche Zunahme industrieller biokatalytischer Prozesse und Produkte nach sich gezogen [Panke *et al.*, 2004; Pollard und Woodley, 2006; Schoemaker *et al.*, 2003]. Mittlerweile sind diverse Enzympräparationen für technische Anwendungen kommerziell erhältlich, wobei die Enzympreise je nach Reinheit und dem damit verbundenen Aufwand für die Isolierung und Aufreinigung stark schwanken können. Bei genauerer Betrachtung der gegenwärtigen Verteilung von Biokatalysatoren in industriellen Prozessen wird deutlich, dass weit über 40 % von Hydrolasen, und hier insbesondere von Lipasen, dominiert werden [Straathof *et al.*, 2002]. Die Vorzüge von Lipasen werden im nachfolgenden Kapitel detailliert geschildert.

1.2   Lipasen als Biokatalysatoren

Lipasen (E.C. 3.1.1.3) gehören zur Enzymklasse der Serin-Hydrolasen und sind nahezu ubiquitär in allen Lebensformen vertreten [Bornscheuer und Kazlauskas, 1999]. Ihre eigentliche Aufgabe *in vivo* ist die hydrolytische Spaltung von Fetten, den Triacylglyceriden. Darüber hinaus sind Lipasen in der Lage ein breites Spektrum interessanter Reaktionen zu katalysieren, zu denen neben zahlreichen weiteren Hydrolysen, auch diverse Veresterungen und Um-esterungen, wie Acidolyse, Inter-esterifikation und Alkoholyse gehören [Kvittingen, 1994]. Anhand ihrer Reaktionsspezifität werden Lipasen in fünf Subklassen unterteilt: (1) substratspezifische, (2) fettsäurespezifische, (3) positionsspezifische, (4) stereoselektive und (5) unspezifische Lipasen. Lipase-katalysierte Ver-esterungen und Umesterungen finden bevorzugt in organischen Lösungsmitteln wie Heptan, Hexan, Isooctan, Vinylacetat oder Toluol statt [Rehm *et al.*, 1998], da so eine günstige Verschiebung des Reaktionsgleichgewichts realisiert werden kann. Zudem können unter diesen Reaktionsbedingungen in Wasser schwerlösliche Substrate umgesetzt, das Auftreten von Nebenreaktionen vermindert und mikrobielle Kontaminationen vermieden werden [Zaks und Klibanow, 1984]. Eine Besonderheit vieler Lipasen ist ein spezieller Mechanismus, der je nach Umgebungsbedingung das aktive Zentrum verschließt oder freigibt. Eine α-helikale Struktur, auch Deckel bzw. „lid" oder „flap" genannt, öffnet sich erst bei Kontakt mit einer Lipid-Wasser-Grenzschicht und gibt dadurch das katalytische Zentrum der Lipase für Substratmoleküle frei [Brady *et al.*, 1990; Grochulski *et al.*, 1994; Winkler *et al.*, 1990]. Lipasen werden deswegen als grenzflächenaktiv bezeichnet. Dieser Effekt äußert sich in einem sprunghaften Anstieg der lipolytischen Enzymaktivität bei Erreichen der Löslichkeitsgrenze der Substrate in Wasser und der damit einhergehenden Ausbildung einer Emulsion [Verger, 1997]. Es wurde zudem vermutet, dass das Enzym durch ein geschlossenes *lid* vor der proteolytischen Aktivität der katalytischen Triade geschützt wird [Brady *et al.*, 1990]. Die *lid*-Struktur und die damit einhergehende Grenzflächenaktivität galten lange als Differenzierungsmerkmal gegenüber Esterasen. Aktuellere Arbeiten zeigten aber, dass dieses Kriterium zur Abgrenzung nicht ausreicht, u.a. da auch Lipasen entdeckt wurden, die aufgrund eines zurückgebildeten *lids* nicht grenzflächenaktiv sind. Als akkurateres Unterscheidungsmerkmal wird gegenwärtig die unterschiedliche Substratspezifität von Esterasen und Lipasen herangezogen: Lipasen, bzw. Triacyl-Hydrolasen [EC 3.1.1.3], zeigen ihre höchsten Aktivitäten gegenüber längerkettigen Acylgyceriden (Kettenlänge > 12 C-Atome), wohingegen Esterasen, bzw. Carboxylester-Hydrolasen [EC 3.1.1.1], bevorzugt Ester kürzerkettiger Carbonylsäuren (Kettenlänge < 12 C-Atome) umsetzen [Jaeger und Reetz, 1998; Schmid und Verger, 1998; Verger, 1997]. Aufgrund ihrer Sekundärstruktur werden Lipasen zur Gruppe der α/β-Hydrolasen gezählt, d.h. sie verfügen über mindestens fünf parallel angeordnete β-Faltblätter, die untereinander jeweils durch α-Helices verbunden sind [Ollis *et al.*, 1992; Schrag und Cygler, 1997]. Zudem besitzen sie im katalytisch-aktiven Zentrum einen hoch-konservierten Bereich, die sog. katalytische Triade, die aus den drei Aminosäuren Serin, Histidin und Aspartat (alternativ auch Glutamat) zusammengesetzt ist [Brady *et al.*, 1990].

Die technische Nutzung von Lipasen deckt ein breites Spektrum ab, zu dem die Waschmittel- und Lebensmittelindustrie, die Kosmetikindustrie, die Herstellung pharmazeutischer Wirkstoffe, die Papier- und Holzindustrie, die Umwelttechnik und die Herstellung von Biodiesel und Kühlschmierstoffen gehört [Buthe, 2006]. Grundsätzlich kann das Einsatzspektrum in zwei unterschiedliche Bereiche aufgeteilt werden: Zum einen werden Lipasen als Wirkstoff gezielt in das Produkt integriert, wie bspw. als Bestandteil von Waschmitteln, in speziellen kosmetischen Produkten und in verdauungsfördernden Präparaten. Zum anderen werden sie als Ersatz oder Ergänzung von chemischen Katalysatoren zur Herstellung von Bulk- und Feinchemikalien genutzt. Gegenwärtig gibt es eine Vielzahl Lipase-katalysierter Veresterungs- und Umesterungsreaktionen mit technischem Nutzen. Als Beispiele seien hier u.a. die Emollientestersynthese [Thum, 2004], die Polyestersynthese durch Polymerisation von Laktonen [Gross, 2001] und die Herstellung biologisch abbaubarer Schmiermittel und Hydrauliköle [Pandey *et al.*, 1999] genannt. Darüber hinaus werden Lipasen zur Acetylierung, Glykosylierung und zur stereoselektiven Hydrolyse von Estern und Azolaktonen verwendet [End und Schöning, 2004]. Weitere Lipase-katalysierte Herstellungs-verfahren sind die Ammonolyse von Methylmethacrylat zu Methacrylamid [Sanchez, 1994], die Poly(oxyalkylen)-acrylamid-Synthese der BASF [Häring *et al.*, 2006] und die Herstellung von verschiedenen Acrylsäureamiden [Puertas, 1993]. Neben der Herstellung genannter Bulkchemikalien finden diverse Lipasen aufgrund ihrer hohen Selektivitäten Verwendung in der Wirkstoffsynthese pharmazeutischer Verbindungen und in der Herstellung von Herbiziden und Insektiziden [Jaeger und Reetz, 1998; Pandey *et al.*, 1999; Saxena *et al.*, 1999].

Eine für technische Anwendungen besonders interessante und bereits eingehend charakterisierte Lipase ist die Lipase B aus *Candida antarctica* (CALB) [Kirk und Christensen, 2002; Gotor-Fernández *et al.*, 2006], deren Wirtsorganismus nach erneuter phylogenetischer Zuordnung korrekterweise als *Pseudozyma antarctica* bezeichnet werden müsste [Larsen *et al.*, 2009; Margesin und Schinner, 1999]. Die CALB ist ein kompaktes, globuläres und robustes Protein mit einem Molekulargewicht von ca. 33 kDa, das aus 317 Aminosäureeinheiten besteht [Anderson *et al.*, 1998] und nach Blanko *et al.* (2004) 6,92 nm x 5,05 nm x 8,67 nm groß ist. Der IEP liegt bei 6,0 und das pH-Optimum bei 7,0, wobei die CALB aber im gesamten Bereich von 3,5-9,5 stabil ist [Anderson *et al.*, 1998; Kirk und Christensen, 2002]. Die Röntgenkristallstruktur der CALB wurde 1994 von Uppenberg *et al.* aufgeklärt. Als Besonderheit ist die *lid*-Struktur bei der CALB stark zurückgebildet, weshalb diese Lipase keiner Grenzflächenaktivierung unterliegt. Die katalytische Triade besteht aus den drei Aminosäuren Asp187-His224-Ser105, oberhalb derer eine große hydrophobe Tasche und unterhalb derer eine mittelgroße Tasche liegen [Gotor-Fernandez *et al.*, 2006]. Darüber hinaus konnte die CALB mittels gentechnischer Methoden strukturell verändert und auf diese Weise in ihrer Selektivität geändert werden [Lutz, 2004]. Die CALB wird in zahlreichen Bereichen eingesetzt, hauptsächlich aber zur Synthese von Feinchemikalien [End und Schöning, 2004]. Ein erfolgreiches Beispiel ist die chemo-enzymatische Synthese von 1,3-funktionalen Indan-derivaten, die als Bestandteil von HIV-1-Proteaseinhibitoren, als Wirkstoff beim Kokainentzug und als Polyamidderivat zur Therapie neurodegenerativer Erkrankungen eingesetzt werden [López-García *et al.*, 2004]. Als Hauptproblem für einen häufigeren Einsatz der kommerziell erhältlichen Lipasepräparate in technischen Prozessen der Lebensmittel- und Kosmetikindustrie gelten die hohen Kosten im Zusammenspiel mit den zumeist geringen operativen Stabilitäten [Osorio *et al.*, 2006].

1.3 Industrielle Herstellung von Emollientestern – chemisches vs. biokatalytisches Verfahren

Als Emollientester werden Fettsäureester und deren Derivate wie Zuckerester und Zuckeralkohole bezeichnet. Sie finden Verwendung als Detergentien in der Industrie, im Haushalt und insbesondere als Bestandteil kosmetischer Applikationen [Maag *et al.*, 1984; Veit, 2004]. Dabei sind Emollientester nach Wasser der zweithäufigste Bestandteil kosmetischer Emulsionen und sollen die Haut gegen schnelles Austrocknen schützen, und diese zugleich weich und elastisch machen [Hills, 2003]. Daraus leitet sich auch der Begriff „Emollient-," ab, der wortwörtlich „Weichmacher" bzw. „weich machend" bedeutet (engl. „softener"). Der tensidische Charakter dieser Komponenten basiert darauf, dass sie zumeist aus einem hydrophilen (bspw. einem Alkohol) und einem hydrophoben Teil (bspw. einer Fettsäure) bestehen. Myristylmyristat, Isopropylmyristat, Ethylenglykoldistearat, Dodecyloleat, Cetylricinolat und Decylcocoat sind einige Beispiele für kosmetisch nutzbare längerkettige Emollientester [Hills, 2003; Thum, 2004]. Polyglycerol-3-Laurat und PEG-55-Propylenglykol-Dioleat sind Beispiele für tensidische Verbindungen, die zur Erzeugung stabiler Emulsionen in kosmetischen Formulierungen eingesetzt werden und in Lipase-katalysierten Verfahren hergestellt werden können [Hilterhaus *et al.*, 2008]. Abbildung 1 zeigt exemplarisch den strukturellen Aufbau von drei unterschiedlichen Emollientestern, die in kosmetischen Produkten zum Einsatz kommen.

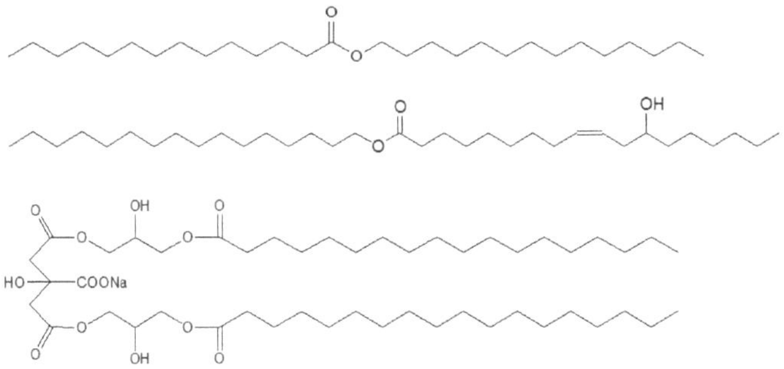

Abbildung 1: Emollientester, die Lipase-katalysiert hergestellt werden können: (1) Myristylmyristat, (2) Cetylricinoleat und (3) Glycerylstearatcitrat.

Die konventionelle chemische Herstellung von Emollientestern aus Fettsäuren und Alkoholen nutzt metallhaltige Katalysatoren wie Zinn- oder Zinksalze (bspw. Zinnoxalat) oder starke Säuren (wie Schwefelsäure oder *p*-Toluolsulfonsäure) und erfolgt bei hohen Temperaturen, die je nach Beschaffenheit der Rohstoffe und Wahl des Katalysatorsystems zwischen 160 und 240 °C liegen [Thum, 2004]. Um möglichst hohe Umsätze zu erzielen, ist es vorteilhaft, das während der Reaktion gebildete Wasser entweder durch Verwendung von Molekularsieben und Salzanhydraten oder durch verfahrenstechnische Lösungen zu entziehen [Sekeroglu *et al.*, 2004; Jeromin und Zoor, 2008]. Das Hauptproblem dieser chemischen Verfahren stellen die vergleichsweise hohen Reaktionstemperaturen dar. Dies führt neben einer schlechten Umweltbilanz zu einer Vielzahl unerwünschter Nebenreaktionen, die wiederum verringerte Produktqualitäten bewirken. Besonders problematisch sind hierbei unerwünschte Produktverfärbungen sowie das Entstehen unangenehmer Gerüche [Thum, 2004]. Auch die Verwendung empfindlicher Rohstoffe, wie bspw. dreifach ungesättigte Linolensäure ist unter diesen Bedingungen kaum möglich, da bei ungesättigten Fettsäuren die C-C-Doppelbindungen besonders anfällig für Nebenreaktionen wie Polymerisationen, Oxidationen und Umlagerungen sind. Eine vielversprechende Alternative bietet die Nutzung biokatalytischer Verfahren unter Verwendung von Lipasen oder Esterasen. Da die Verwendung organischer Lösungsmittel bei der Herstellung von kosmetischen Produkten nach Möglichkeit gänzlich zu vermeiden ist, werden bevorzugt lösungsmittelfreie Reaktionssysteme eingesetzt [Veit, 2004].

Ein etabliertes Verfahren zur Herstellung von Emollientestern wie Myristylmyristat wird lösungsmittelfrei in Festbettreaktoren bei 60-90 °C durchgeführt. Als Biokatalysator dient die CALB, die adsorptiv an einen kugelförmigen Träger gebunden ist. Das kommerziell erhältliche Präparat wird unter der Bezeichnung Novozym 435 von der dänischen Firma Novozymes vermarktet. Abbildung 2 zeigt das Reaktionsschema der Lipase-katalysierten lösungsmittelfreien Propyllauratsynthese aus den Substraten Laurinsäure und 1-Propanol bei 60 °C. Diese Reaktion gilt als Referenzreaktion zur Bestimmung der enzymatischen Veresterungsaktivität von Lipasen und wird in PLU (Propyllaurat *Units*) angegeben [Sekeroglu *et al.*, 2004; Kristensen *et al.*, 2005; Produktdatenblatt Novozym 435]. Das Lipasepräparat Novozym 435 verfügt über eine vergleichsweise hohe Aktivität von 7000-10.000 PLU/g.

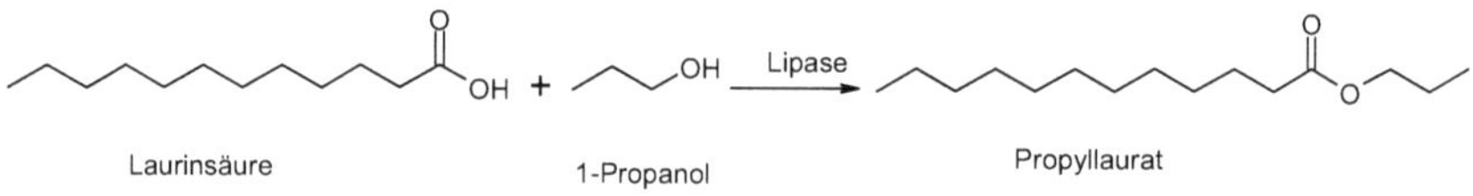

Abbildung 2: Lösungsmittelfrei Lipase-katalysierte Synthese von Propyllaurat aus Laurinsäure (Dodekansäure) und 1-Propanol.

Abbildung 3 zeigt die einzelnen Prozessschritte der konventionell-chemischen und der enzymatischen Emollientesterherstellung in Abhängigkeit der jeweiligen Prozesstemperaturen. Thum (2004) beschreibt die drei wesentlichen Vorteile des biokatalytischen Verfahrens wie folgt: (1) deutliche Senkung der Prozesskosten trotz hoher Katalysatorkosten durch Energieeinsparungen und Prozessvereinfachungen (speziell bei der Aufreinigung), (2) signifikante Verbesserung der Produktqualitäten durch geringere Reaktionstemperaturen und höhere Selektivität des Biokatalysators und (3) Erweiterung des Substratspektrums auf chemisch nicht umsetzbare neue ungesättigte Fettsäuren (bspw. Linolensäure). Die klare Überlegenheit des biokatalytischen Verfahrens (Novozym 435 im Festbett bei 60 °C) über das konventionell-chemische (Zinn-(II)-Oxalat, 240 °C) zeigt sich im Vergleich beider Umweltbilanzen bei der Herstellung von Myristylmyristat. Im Rahmen eines sog. *Life Cycle Assessments* [Wenzel *et al.*, 1997; ISO 14040] wurde demonstriert, dass das biokatalytische Verfahren Energieeinsparungen von mehr als 60 % und eine Reduzierung von Umweltverunreinigungen und Schadstoffabgabewerten von bis zu 90 % ermöglichte, so dass es berechtigterweise als ein Paradebeispiel für einen nachhaltigen und ökonomischen Bioprozess angesehen werden kann [Thum, 2008]. Ein weiterer Vorteil von biokatalytisch hergestellten Kosmetikbestandteilen liegt gegenwärtig im marketingstrategischen Bereich – Produkte aus biokatalytischer Herstellung als „grün" und „nachhaltig" in einem höheren

Preissegment platziert und so höhere Gewinnmargen erreicht werden, was aus industrieller Sicht von großem Interesse ist [Illes, 2006].

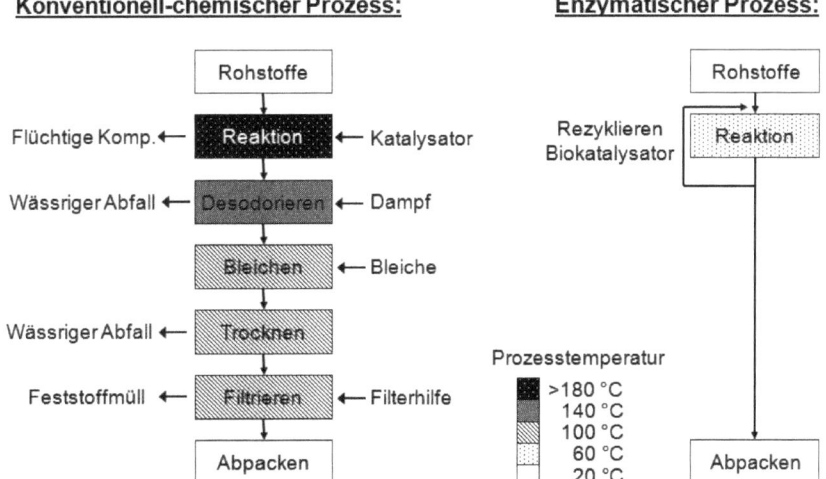

Abbildung 3: Vergleich eines konventionell-chemischen (links) und eines enzymatischen (rechts) Veresterungsprozesses nach Thum [2004].

Abbildung 4 zeigt das Prozessschema der Lipase-katalysierten Emollientestersynthese in einem Festbettreaktor nach Mühlhaus *et al.* (1997), wie es gegenwärtig im Multitonnenmaßstab bspw. von der Evonik Goldschmidt GmbH zur Herstellung von Myristylmyristat genutzt wird [Thum und Oxenbøll, 2006]. Das Lipaseimmobilisat Novozym 435 wird in Form eines gepackten Betts eingesetzt und die Reaktionsmischung bis zur Erreichung des Zielumsatzes im Kreislauf gepumpt. Dabei ist der Festbettreaktor mit einem Rührwerksreaktor, der die Eduktlösung enthält und permanent durchmischt wird, verbunden. Während des Prozesses entstehendes Reaktionswasser wird über ein Vakuum kontinuierlich entzogen, so dass auf den Einsatz von Molekularsieben oder Salzanhydraten verzichtet werden kann. Ein zusätzlicher Schritt zur Rückgewinnung des Katalysators ist daher nicht mehr notwendig. Je nach eingesetzter Katalysatormenge und Umwälzgeschwindigkeit sind Prozesszeiten von 4-8 h im Bereich des möglichen [Mühlhaus, 1997].

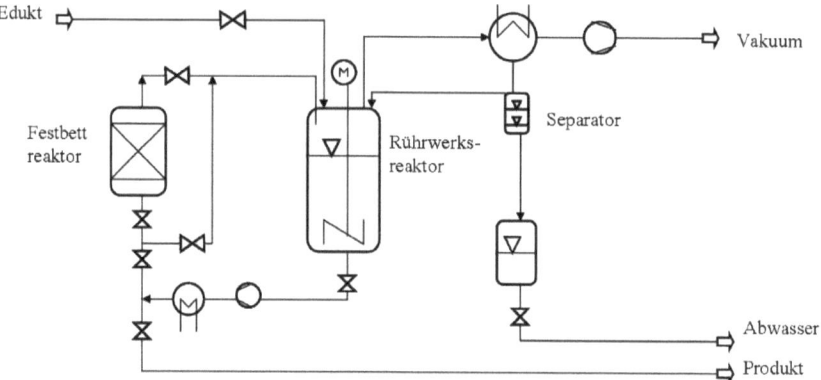

Abbildung 4: Vereinfachtes Prozessschema der Lipase-katalysierten Emollientestersynthese nach Mühlhaus et al. (1997).

An dieser Stelle sei aber auch auf die gegenwärtige Limitierung des beschriebenen biokatalytischen Verfahrens hingewiesen: Die Synthese von Emollienten mit immobilisierter Lipase im Festbett ist auf niederviskose homogene Substratmischungen, die bereits bei 60-70 °C flüssig vorliegen, beschränkt, da hochviskose Mischungen oder Suspensionen nicht durchs Festbett gefördert werden können. Die Zugabe organischer Lösungsmittel zur Redzuzierung der Viskositäten ist keine Option, denn obwohl Lipasen in organischen Lösungsmitteln teilweise auffallend hohe Aktivitäten zeigen, ist bei der Herstellung von Kosmetika auf die Verwendung organischer Lösungsmittel zu verzichten. Aufgrund ihrer Toxizität wären aufwändige und kostenverursachende Aufreinigungsschritte zur rückstandsfreien Entfernung aus der Produktlösung notwendig [Hills, 2003]. Lösungsmittelfreie Umsätze von Substraten mit hoher Viskosität oder hoher Schmelztemperatur, wie bspw. Sorbitol, Glukose, Fruktose, Xylitol, Diglycerin, Polygylcerol oder α-Butylglukosid sind unter Verwendung der bestehenden Festbetttechnologie nicht möglich [Hilterhaus et al., 2008]. Die Verwendung von Rührwerksreaktoren für den biokatalytischen Umsatz solcher Substrate ist gegenwärtig durch die geringe mechanische Stabilität der kommerziell erhältlichen Lipaseimmobilisate, wie bspw. Novozym 435, limitiert [Hilterhaus et al., 2008]. Als alternatives Reaktorkonzept zum lösungsmittelfreien Umsatz solch höher viskoser Substrate schlagen Hilterhaus et al. (2008) die Verwendung einer Blasensäule vor. Deren Eignung konnten sie beispielhaft im Labormaßstab für die Herstellung von Myristylmyristat, Polyglcycerol-3-Laurat und PEG-55 Propylenglykolstearat unter Verwendung von Novozym 435 demonstrieren. Es bleibt abzuwarten, wie stark die Leistungseinträge beim *upscaling* auf den technischen Maßstab ansteigen, und welchen Effekt dieser Anstieg auf die Prozessstabilität von Novozym 435 haben wird. Ungeachtet dessen ist bekannt, dass die CALB bei Kontakt mit Cosolventien wie MeCN/Wasser [Petry et al., 2006], aber auch mit tensidischen Substraten, wie Triton X oder SDS vom PMMA-Träger des Novozym 435 desorbiert [Chen et al., 2008]. Dieses auch als *Enzymleaching* bezeichnete Phänomen stellt eine weitere Limitierung für den Einsatz von Novozym 435 bei der Emollientestersynthese dar, denn bei zunehmender Produktkomplexität steigt häufig der tensidische Charakter der Substanzen, so dass auch hier bereits während der Reaktion im Festbett, aber auch in der Blasensäule und im Rührwerksreaktor, die Lipase sukzessive vom Träger desorbiert und so verloren geht [Chen et al., 2008; Hilterhaus et al., 2008].

1.4 Immobilisierung - Optimierung industrieller Biokatalysatoren

1.4.1 Grundlegende Anforderungen an industrielle Biokatalysatoren

Um einen ökonomisch-effizienten Einsatz von Biokatalysatoren in industriellen Prozessen zu ermöglichen, sollten diese einige grundlegende Anforderungen erfüllen. Eine Möglichkeit ist es die Herstellungskosten so niedrig zu halten, dass die Biokatalysatoren als gelöstes Präparat einmalig eingesetzt werden können und beim Aufreinigen der Produktlösung verloren gehen dürfen. Dies ist aber eher die Ausnahme, da die Bereitstellung von Biokatalysatoren, speziell von isolierten Enzymen, oft sehr aufwändig und demzufolge kostenintensiv ist. Demnach sollte ein Biokatalysator unter den jeweiligen Reaktionsbedingungen für einen entsprechend langen Zeitraum über hohe katalytische Aktivitäten verfügen, und nach der Reaktion leicht separierbar sein. Außerdem sollte der Biokatalysator häufig wieder verwendbar sein, ohne dass dieser durch den wiederholten Einsatz stark an Aktivität verliert. Ferner sollte der Biokatalysator, je nach avisierter Applikation, über eine ausreichende mechanische Stabilität sowie eine hinreichende Stabilität gegenüber inaktivierenden Umgebungseinflüssen (Druck, Temperatur, pH-Wert, Cosolventien, mikrobielle Kontamination etc.) verfügen. Um diese Bedingungen zumindest mit Einschränkungen erfüllen zu können, werden Biokatalysatoren, insbesondere isolierte Enzyme, häufig immobilisiert [Tischer und Wedekind, 1999].

1.4.2 Allgemeine Methoden der Immobilisierung und Anwendungsbeispiele

Zur besagten effizienteren technischen Nutzung speziell von Enzymen als Biokatalysatoren ist es von Vorteil diese zu immobilisieren. Dabei müssen die Immobilisate per Definition zwei essentielle

Funktionen erfüllen: Zum einen müssen sie natürlich ausreichend katalytisch aktiv sein, um den angestrebten Prozess ökonomisch zu gestalten. Zum anderen müssen sie auch eine nicht-katalytische Funktion erfüllen, die darin liegt, dass das Enzym nicht mehr in Lösung gehen kann und so eine mögliche Abtrennung aus der Produktlösung erleichtert wird [Cao, 2005]. Neben der erleichterten Handhabung können immobilisierte Enzyme im Einzelfall sogar über verbesserte Aktivitäten sowie erhöhte Stabilitäten gegenüber externen inaktivierenden und denaturierenden Einflüssen, wie bspw. pH-Wert und Temperatur [Reetz *et al.*, 1997], verfügen. Ferner können Enzyme im Rahmen der Immobilisierung in ihrer Selektivität verändert werden [Cabrera *et al.*, 2009]. Die wichtigsten Faktoren, die bei der Planung und Durchführung gezielter Enzymimmobilisierungen berücksichtigt werden sollten sind in Tabelle 2 in Anlehnung an Hanefeld *et al.* (2008) zusammenfassend dargestellt.

Tabelle 2: Ausgewählte Faktoren zur gezielten Planung und Durchführung von Enzymimmobilisierungen nach Hanefeld *et al.* (2008).

Enzym	Trägermaterial	Reaktionsspezifische Faktoren
Größe des Enzymmoleküls	Organisch oder anorganisch	Reaktionsmedium
IEP (Isoelektrischer Punkt)	Hydrophob oder hydrophil	Enzyminhibierung
Stabilität unter den gewählten Immobilisierungsbedingungen	Oberflächenfunktionalisierung	Thermodynamik
Zuschlagstoffe in den Enzympräparaten	Oberflächenladung	Viskositäten der Substrate
Verteilung funktionaler Gruppen auf der Enzymoberflächen	Partikelform und Partikelgröße	Diffusionslimitierungen
Verteilung hydrophober und hydrophiler Regionen auf der Enzymoberfläche	Spezifische Partikeloberfläche	Ausfallen von Produkt
Glykosylierungen	Porosität (Porengrößen)	Unspezifische Wechselwirkungen zwischen Träger und Reaktionsmedium
	Mechanische und chemische Stabilität	

Eine Variante der Immobilisierung ist die Quervernetzung von Enzymen durch bi- oder multifunktionale Reagenzien wie Glutardialdehyd oder Diisocyanat. Dabei können einzelne Enzymmoleküle, aber auch ganze Enzymaggregate (CLEAs: *cross-linked enzyme aggregates*) oder Enzymkristalle (CLECs: *cross-linked enzyme crystalls*) miteinander quervernetzt werden [Sheldon, 2007; Navia und St. Clair, 1997]. Andere häufig eingesetzte Immobilisierungsmethoden nutzen Materialien, an deren Oberflächen bzw. in deren Porennetzwerken oder Polymerstrukturen die

Enzyme in unterschiedlichster Weise gebunden oder eingebettet werden. Abbildung 5 zeigt vier gängige Varianten der Enzymimmobilisierung: A) die adsorptive bzw. ionische Trägerbindung, B) die kovalente Trägerbindung, C) die Einhüllung in eine polymere Matrix, und D) die Einkapselung in eine polymere Matrix [Hanefeld *et al.*, 2008]. Die adsorptive und/oder ionische Bindung basiert vorwiegend auf elektrostatischen Wechselwirkungen, die durch hydrophobe Interaktion oder Ausbildung von Wasserstoffbrückenbindungen und van der Waals-Kräfte verstärkt werden können [Cao, 2005]. Diese Form der Bindung gilt als sehr schonend für das empfindliche Enzym, hat aber den Nachteil, dass sie sehr schwach ist. Dies führt während der Reaktion häufig zur sukzessiven Desorption und damit zum Verlust des Enzyms von der Trägeroberfläche, dem sog. *Enzymleaching*. Die kovalente Trägerbindung verhindert diese Art Enzymverlust, führt allerdings auch häufig zu Aktivitätseinbußen, bis hin zur vollständigen Inaktivierung. Die Inaktivierung basiert auf Konformationsänderungen, Einschränkungen der katalytischen Flexibilität oder der Blockierung des aktiven Zentrums des Enzyms infolge der Bindungsreaktion mit den Vernetzungsagenzien [Mateo *et. al.*, 2007]. Die Einkapselung oder Einhüllung in polymere Materialien gilt als besonders schonendes Verfahren [Fessner und Anthonsen, 2009] und ermöglicht dennoch hohe Desorptionsstabilitäten. Problematisch ist hier lediglich die Schaffung einer zusätzlichen polymeren Diffusionsbarriere, die je nach Art des Polymers und der Eigenschaften von Edukten/Produkten zu unterschiedlich stark ausgeprägten Aktivitätseinbußen durch Massentransferlimitierungen führen können.

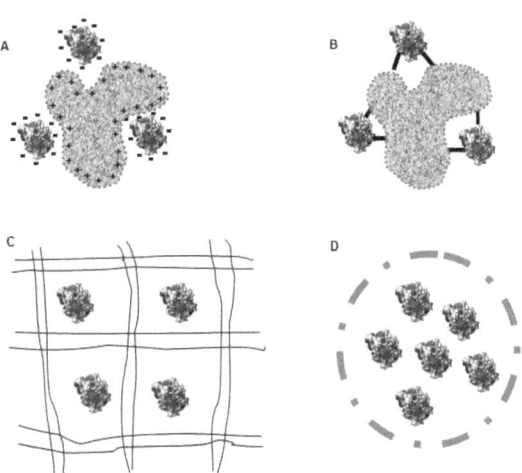

Abbildung 5: Unterschiedliche Formen der Enzymimmobilisierung, A) Adsorptive Trägerbindung, B) Kovalente Trägerbindung, C) Einhüllung und D) Einkapselung in polymere Materialien.

Klassische Anwendungsbeispiele für immobilisierte Enzyme in großtechnischen Prozessen sind die Glukoseisomerierung im Lebensmittelbereich zur Herstellung von *high fructose corn syrup* (HFCS) [Buchholz und Kasche 1997], die Herstellung von *D*- und *L*-Aminosäuren [Tosa *et al*, 1969] sowie die enzymatische Penicillinspaltung im pharmazeutischen Sektor [Carleysmith und Lilly, 1979]. Darüber hinaus gibt es zahlreiche weitere Beispiele für immobilisierte Enzyme und deren technische Applikationen [End und Schöning, 2004]. Nachfolgend soll auf die für biokatalytische Prozesse im Rahmen dieser Arbeit besonders interessante Gruppe der Lipaseimmobilisate eingegangen werden.

1.4.3 Immobilisierte Lipasen - Novozym 435

Die große Zahl der durch Lipasen katalysierten technisch interessanten Reaktionen hat zur Folge, dass mehr oder weniger alle zuvor beschriebenen Formen der Immobilisierung bereits zum Einsatz kamen. Eine ausführliche Zusammenstellung der Methoden zur Immobilisierung von Lipasen findet sich bspw. in End und Schöning (2004) oder Cao (2005). Aktuelle Arbeiten konzentrieren sich schwerpunktmäßig auf die Suche nach geeigneten Matrixmaterialien und die Optimierung der Immobilisierungsbedingungen, wie bspw. die Hydrophobizität der Träger oder den pH-Wert bei der Beladung [Mei *et al.*, 2003]. Die adsorptive Bindung an hydrophobe Träger hat sich als besonders vorteilhafte Methode herausgestellt, da diese das Vorhandensein einer Wasser/Fett-Grenzschicht simuliert [Chen *et al.*, 2007b]. Der gegenwärtig wohl bekannteste und am häufigsten in der Fachliteratur zitierte Biokatalysator ist das kommerziell erhältliche Lipaseimmobilisat Novozym 435 [Chen *et al.*, 2007a], das zu Preisen von ca. 1000 €/kg (Stand 2009) von Novozymes (Dänemark) vermarktet wird. Hierbei handelt es sich um einen inerten makroporösen Träger aus Polymethylmethacrylat (PMMA), auf dessen äußerer Porenoberfläche die CALB bis zu einer Eindringtiefe von ca. 100 µm adsorptiv gebunden ist [Mei *et al.*, 2003]. Die Novozym 435-Partikel haben eine durchschnittliche Größe von 0,3-0,9 mm und weisen mit 80 m^2/g eine große spezifische Oberfläche auf, die es ermöglicht Beladungsdichten von 1-10 % (w/w) Protein pro PMMA-Träger zu erreichen [Produktdatenblatt Novozym 435; Kirk und Christensen, 2002]. Der Originalträger wird unter der Bezeichnung Lewatit VP OC 1600 von Lanxess (Bayer) vertrieben [Chen *et al.*, 2007a/b]. Novozym 435 zeichnet sich durch ausgezeichnete katalytische Eigenschaften aus und ist bspw. in der Lage regioselektive Veresterungen an Nukleosiden, Zuckern und Steroiden zu katalysieren [Mei *et al.*, 2003]. Zudem weist es hohe Enantioselektivitäten bei der dynamisch-kinetischen Racematspaltung von sekundären Alkoholen auf und wurde bereits erfolgreich zur Polymerisation von Laktonen und aktivierten Dicarbonsäuren bzw. Diolen eingesetzt [Gross *et al.*,

2001]. Tabelle 3 zeigt in Anlehnung an End und Schöning (2004) eine Auswahl technisch relevanter Reaktionen, die von Novozym 435 katalysiert werden. Ein weiteres Einsatzgebiet von Novozym 435 liegt in der industriellen Produktion von Emollienten (vgl. Kapitel 1.3), das gegenwärtig im Multitonnenmaßstab betrieben wird [Thum, 2004; Thum und Oxenbøll, 2008]. Hierbei zeichnet sich Novozym 435 insbesondere durch die hohen Estersyntheseaktivitäten in reinen Eduktlösungen und Stabilitäten bis zu Prozesstemperaturen von 110 °C aus [Tufvesson *et al.*, 2007].

Tabelle 3: Technisch relevante Reaktionen, die von Novozym 435 katalysiert werden [End und Schöning, 2004]

Endprodukt, Firma und Anwendungsgebiet	Reaktions-bedingungen	Reaktionsschema
Lotrafibran, GlaxoSmithKline (London, England), Fibrinogen-Rezeptorantagonist (Thrombosehemmer)	Racematspaltung H₂O, BuOH, NH₃, pH 7, 50 °C, 10-20 h	
Sch21048 Schering Plough (Kenilworth, USA) Fungizid	Acylierung MeCN, 0 °C, 6 h	
Inositolphosphat Novartis (Basel, Schweiz) Thrombozytenaktivator zur Blutgerinnung	Acetylierung THF, RT, 92 h, Umsatz 49,5 %	
Methoxycyclohexanon Glaxo Wellcome (jetzt GlaxoSmithKline, London, England) β-Laktam-Antibiotikum	Racematspaltung Cyclohexan, NEt₃, 6-8 h, Umsatz 55 %	
Trans-2-bromoindan-1-ol Ichikawa Gosei Kagaku Co. Anti-HIV-Medikament	Racematspaltung MeOH, Pr₂O, 40 °C, 48 h	

Zum gegenwärtigen Zeitpunkt kann aber weder Novozym 435 noch ein anderes der bekannten Lipaseimmobilisate allen Anforderungen eines technischen Einsatzes gerecht werden. Aufgrund dessen ist die Suche nach verbesserten Lipaseimmobilisaten Gegenstand intensiver Forschungsbemühungen. Um speziell eine Erhöhung der mechanischen Stabilität bei gleichzeitiger Erhöhung der Desorptionsstabilität zu erreichen, scheint die Einbettung in Siliconelastomere ein viel versprechender Ansatz zu sein, wie im folgenden Kapitel 1.4.4 eingehend erläutert wird.

1.4.4 Silicon – ein stabiles Material zur Immobilisierung von Lipasen

Als Silicone wird eine umfangreiche Gruppe von synthetischen Verbindungen bezeichnet, bei denen Siliziumatome über Sauerstoffatome kettenartig zu Polymeren verknüpft sind. Die freien Valenzen des Siliziums sind vorwiegend durch Kohlenwasserstoffreste, zumeist Methyl- und Ethylgruppen, abgesättigt. Polydimethylsiloxane (PDMS) stellen den wahrscheinlich größten Anteil der in kommerziellen Anwendungen zum Einsatz kommenden Silicone. Dort werden sie bspw. in biomedizinischen Applikationen als Implantate, Kontaktlinsen oder *drug-delivery*-Systeme zur gezielten Wirkstofffreisetzung eingesetzt [Compton, 1997]. Beschichtungen, Dichtungen, Versiegelungen, Tenside und Schmiermittel sind nur einige der zahlreichen nicht-medizinischen Anwendungsbeispiele von PDMS. Abbildung 6 zeigt die typische Vernetzungsreaktion eines 2-Komponenten Siliconkautschuks, die auch als Hydrosilylierung bezeichnet wird.

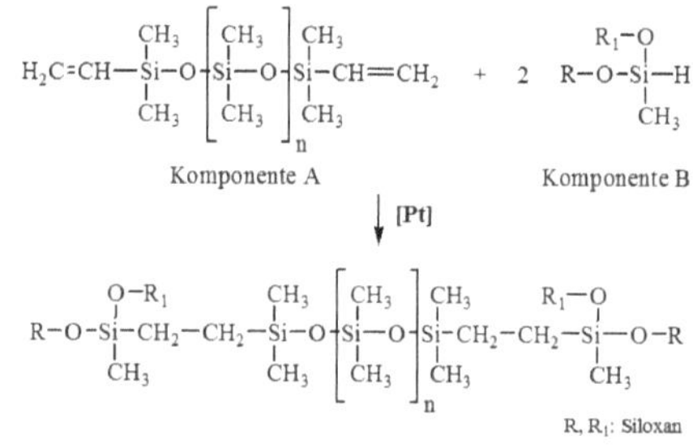

Abbildung 6: Reaktionsschema der Vernetzung von divinylterminiertem Polydimethylsiloxan (Komponente A) und Methylhydrosiloxan (Komponente B), [Pt] = Platinhaltiger Katalysator (Karstedt Katalysator) [Nieguth *et al.*, 2010].

Prinzipiell können alle für Hydrosilylierungen geeignete Katalysatoren wie bspw. Iridium-, Palladium-, Platin, Osmium-, Rhodium- oder Ruthenium-Komplexe als reine Elemente oder in trägergebundener Form, verwendet werden. Typischerweise wird *cis*-Platin oder Karstedt-

Katalysator verwendet, wobei der Karstedt-Katalysator in diesem Kontext am häufigsten verwendet wird. Dabei handelt es sich um Tris(divinyltetramethyldisiloxan)bis-Platin (Karstedt, 1973). Abbildung 7 zeigt den strukturellen Aufbau des Karstedt-Katalysators in Anlehnung an Stein *et al.* (1991).

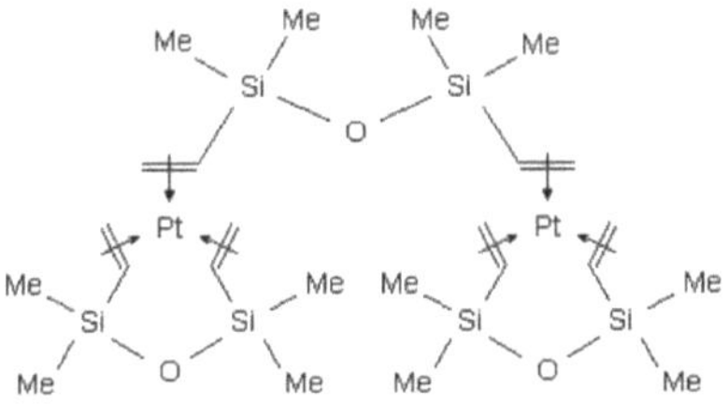

Abbildung 7: Karstedt-Katalysator nach Stein *et al.* (1991).

Silicone zeichnen sich insbesondere durch ihre ausgezeichnete mechanische Stabilität sowie eine entsprechend hohe Durchlässigkeit für hydrophobe Substanzen aus. Des Weiteren sind Silicone vergleichsweise kostengünstig in großem Umfang verfügbar und gelten als toxikologisch unbedenklich [Compton, 1997]. Außerdem können die Eigenschaften von Siliconpolymeren mit einfachsten Mitteln an notwendige Reaktionsbedingungen angepasst und optimiert werden. So lassen sich bspw. problemlos die Kettenlängen der Monomere sowie der Grad der Quervernetzung und somit die Dichte der Polymernetzwerke variieren. Über die Anzahl und Art der Funktionalitäten und Modifikationen der Reste im SiO-Rückgrat lassen sich weitere Polymereigenschaften wie Härte, Elastizität, Polarität etc. beeinflussen [Poojari *et al.*, 2009]. Ferner sind direkte Wechselwirkungen und Reaktionen zwischen Proteinen bzw. Enzymen und Siliconmonomeren unter Hydrosilylierungsbedingungen nicht bekannt [Bartzoka *et al.*, 1999].

Erste erfolgreiche Arbeiten zur Immobilisierung von Enzymen wie Esterasen und Lipasen in PDMS-ähnlichen Materialien wurden von Reetz *et al.* (1996) unter Verwendung von Sol-Gelen durchgeführt. Dabei wurden durch den so genannten Alkyleffekt beeindruckende Aktivitätssteigerungen erzielt. Der Alkyleffekt beruht auf einer durch die Alkylierungen der Sol-Gel-Matrix hervorgerufene Steigerung der Hydrophobizität, und bewirkt so speziell bei grenzflächenaktiven Lipasen deutliche Aktivitätssteigerungen. Ein ausführlicher Übersichtsartikel zu diesem Thema wurde von Pierre (2004) zusammengestellt. Als großer Nachteil von Sol-Gel-Immobilisaten gilt die Verwendung toxischer Monomere wie Tetramethoxyortho-silan (TMOS) oder Tetraethoxyorthosilan (TEOS) [Thum *et al.*, 2009]. Weitere Nachteile der Sol-Gel-

Immobilisate sind ihre geringe Größe, die ein Abfiltrieren erschweren, ihre niedrige mechanische Stabilität sowie die schwer steuerbare Porengröße, die schnell zum *Enzymleaching* führen kann [Bruno *et al.*, 2005].

Venton und Gudipati haben bereits 1995 am Beispiel einer Urease und einer Invertase die Eignung organomodifizierter Siloxan-Copolymere zur Immobilisierung von Enzymen untersucht. Dabei konnte bei der Urease sogar eine leichte Aktivitätszunahme von 36 % und bei der Invertase zumindest noch eine akzeptable Restaktivität von 60-70 % beobachtet werden. Ein Jahr später haben Wang *et al.* (1996) poröse PDMS-Membranen mit einer α-Amylase und einer Glukoseoxidase beladen und erfolgreich zur Spaltung von Stärke bzw. Glukose eingesetzt. Darüber hinaus wurde erst kürzlich Pepsin in Siliconelastomere auf Basis von PDMS immobilisiert und zur Hydrolyse denaturierter Hämoglobinlösung eingesetzt [Poojari *et al.*, 2009]. Gill und Ballesteros (1998) und Gill *et al.* (1999) entwickelten eine Immobilisierungsmethode für Lipasen, bei der der Biokatalysator, in diesem Fall eine Lipase aus *Candida rugosa*, zuerst an feine Polyhydroxymethylsiloxan-Partikel (PHOMS) adsorbiert wird und anschließend in einem Siliconelastomer aus α,ω-Silanol-terminierten PDMS und Quervernetzer eingebettet wird. Diese biokatalytisch aktiven Kompositpartikel zeigten eine 54-fache Aktivitätssteigerung gegenüber dem nativen Enzym und verfügten über hohe Stabilitäten in wässrigen und organischen Medien. Ragheb *et al.* zeigten 2003, dass die Aktivität der Lipase aus *Candida rugosa* signifikant gesteigert werden kann, wenn sie direkt in Silicon immobilisiert wird. Als Siliconpolymer diente dabei ein raumtemperaturvernetzendes (RTV-) Siliconelastomer aus Silanol-terminiertem PDMS und einem TEOS als Quervernetzer. Buthe *et al.* (2005) verwendeten ein RTV-Siliconelastomer, das als 2-Komponentensystem bestehend aus einem α,ω-terminierten Divinylsiloxan und einem SiH-Siloxan als Quervernetzer kommerziell von Dow Corning unter der Bezeichnung Sylgard 184 vertrieben wird. Dieses Siliconpräparat wurde bereits 2001 von Hilgers genutzt um sphärische Siliconpartikel zur gezielten Wirkstoffsynthese herzustellen [Hilgers, 2001]. Buthe *et al.* (2005) nutzen diese Methode als Basis zur Immobilisierung der Lipase A aus *Candida antarctica* und der Lipase aus *Thermomyces lanuginosa*. Die Enzyme wurden hier als Lösung in Form kleinster Tröpfchen im Siliconpolymer immobilisiert, weshalb die Immobilisate auch als „statische Emulsion" (*static emulsion*) bezeichnet wurden. Dabei wurden bis zu 250-fache Steigerungen der spezifischen Aktivität beobachtet. Der größte Vorteil dieser auf PDMS basierenden Immobilisate ist ihre hohe Stabilität gegenüber mechanischer Beanspruchung und *Enzymleaching* [Buthe, 2006].

1.5 Zielsetzung

Der Einsatz von Lipasen in industriellen Prozessen hat in den letzten Jahren zunehmend an Bedeutung gewonnen, da Lipasen in der Lage sind eine große Zahl technisch interessanter Reaktionen zu katalysieren. Die Lipase-katalysierte Herstellung von Emollientestern im Festbettreaktor kann mit ca. 400 Tonnen pro Jahr als ein besonders erfolgreiches Beispiel für einen ökonomischen und nachhaltigen Bioprozess angesehen werden. Allerdings können Lipasen nur in bestimmten technischen Prozessen unter bestimmten Reaktionsbedingungen erfolgreich eingesetzt werden. Eine etablierte Methode, um die Handhabbarkeit von Lipasen bei der Entwicklung repetitiver oder kontinuierlicher Prozesse zu verbessern, bietet die Immobilisierung durch adsorptive Bindung an feste Träger. Dennoch bleibt auch hier der breite technische Einsatz in der chemischen Industrie durch die größtenteils unzureichenden Prozessstabilitäten der Enzympräparate limitiert. Charakteristische Probleme, die sich häufig beim Einsatz trägergebundener Enzyme ergeben, sind eine unzureichende mechanische Stabilität unter starken Scherbelastungen und eine allmähliche Desorption der Enzyme im Reaktionsverlauf (sog. *Enzymleaching*). Zum gegenwärtigen Zeitpunkt ist kein Lipaseimmobilisat erhältlich, das zugleich über eine hohe mechanische und eine hohe Desorptionsstabilität verfügt und darüber hinaus noch katalytische Aktivitäten besitzt, die einen wirtschaftlichen Einsatz im technischen Maßstab erlauben.

Ziel dieser Arbeit war die Entwicklung neuartiger Enzymimmobilisate, die sich aufgrund erhöhter Stabilität als industrielle Biokatalysatoren für den Einsatz in technischen Prozessen eignen. Der Schwerpunkt sollte auf der Optimierung der mechanischen Stabilität von Lipasepräparaten für die Synthese von Emollientestern liegen, wobei es die strukturelle Trägerintegrität der Enzymimmobilisate unter Erhalt möglichst hoher Aktivitäten zu verbessern galt. Als *state-of-the-art*-Biokatalysator sollte das bereits in zahlreichen Publikationen erwähnte, hochaktive und kommerziell erhältliche Lipasepräparat Novozym 435 eingesetzt werden, bei dem die Lipase B aus *Candida antarctica* (CALB) adsorptiv an einen sphäroidischen makroporösen Polymethylmethacrylat-Träger gebunden vorliegt. Neben der Verbesserung mechanischer Eigenschaften sollte zudem die Anfälligkeit der Immobilisate gegenüber der Desorption des Enzyms verringert werden. Die angestrebte Stabilisierung sollte durch die Beschichtung der Partikel mit unterschiedlichen Siliconen auf Basis von Polydimethylsiloxan (PDMS) erreicht werden. Die Beurteilung der neuartigen, siliconhaltigen Lipaseimmobilisate für die angestrebte technische Nutzung sollte nach folgenden drei Hauptkriterien erfolgen:

(1) Die **katalytische Aktivität** sollte anhand der lösungsmittelfreien Synthese von Propyllaurat, der hydrolytischen Aktivität bei der Spaltung von Tributyrin sowie der Veresterungsaktivität in einem organischen Lösungsmittel bestimmt werden.

(2) Die **Desorptionsstabilität** sollte über die Restaktivität der Immobilisate nach Einsatz unter harschen Reaktionsbedingungen untersucht werden, die bei unbeschichtetem Novozym 435 durch Desorption der Enzyme vom Träger zu deutlichen Aktivitätseinbußen führen.

(3) Die detaillierte Untersuchung der **mechanischen Stabilität** der Immobilisate sollte über die Korngrößenverteilungen der Partikel und anhand von elektronenmikroskopischen Analysen der Trägerstruktur nach mechanischer Beanspruchung erfolgen.

Auf Grundlage der erzielten Ergebnisse sollte für die aussichtsreichste Beschichtungsmethode ein *Scale-up*-fähiges Herstellungsverfahren unter Berücksichtigung bestehender Geräte-Lösungen ausgewählt, adaptiert und optimiert werden, um dadurch die Basis für eine mögliche Implementierung auf Prozessebene zu schaffen.

Abschließend sollte untersucht werden, inwieweit die neu entwickelte Immobilisierungsmethode mit Silicon als Beschichtungsmaterial auf weitere Lipasepräparate, aber auch auf andere Hydrolasen wie Esterasen und Proteasen übertragbar ist. Zudem galt es, die grundsätzliche Eignung der Methode für die Immobilisierung von Biokatalysatoren aus anderen Enzymklassen am Beispiel einer Laccase zu eruieren.

2 Material und Methoden

2.1 Material

2.1.1 Chemikalien

ABTS (*ready-to-use*-Lösung)	Sigma-Aldrich (Steinheim)
Acetonitril (MeCN)	Roth (Karlsruhe)
Antil® 141	Evonik Goldschmidt GmbH (Essen)
Antistatik 100	Kontakt Chemie (Iffezheim)
BIO-RAD Protein Assay	Bio-Rad Laboratories GmbH (München)
BSA (Bovines Serumalbumin)	Sigma-Aldrich (Steinheim)
Cyclohexan	Roth (Karlsruhe)
Dekan	Sigma-Aldrich (Steinheim)
Dodekan	Fluka (Steinheim)
Ethyl-*N*-acetylglycinat	Sigma Aldrich (Steinheim)
n-Hexan	Fluka (Steinheim)
Laurinsäure	Sigma-Aldrich (Steinheim)
Lewatit VP OC 1600	Lanxess (Leverkusen)
Methylcyclohexan	Roth (Karlsruhe)
MSTFA	Machery-Nagel (Düren)
Propyllaurat	Evonik Industries (Essen)
SYL-OFF® 4000 (Karstedt-Katalysator)	Ebalta (Rothenburg)
Toluol	Sigma-Aldrich (Steinheim)
Tributyrin	Sigma-Aldrich (Steinheim)
TRIZMA	Sigma-Aldrich (Steinheim)
TWEEN 80	Sigma Aldrich (Steinheim)
Valeriansäureethylester	Roth (Karlsruhe)
VP OC 1600 (Lewatit®)	Lanxess (Leverkusen)
Xylen (Dimethylbenzen)	Sigma-Aldrich (Steinheim)
1-Propanol	Merck (Darmstadt)
2-Propanol (Isopropanol)	Merck (Darmstadt)

Silicone:

Tabelle 4: Siloxanmonomere zur Herstellung fester Siliconelastomere auf Basis von Polydimethylsiloxanen.

Abkürzung	Strukturformel	Viskosität (η) und Molekulargewicht (MW)[*]
Divinylsiloxane		
A 100	$CH_2=CH-SiOMe_2-(SiOMe_2)_{\underline{98}}-SiOMe_2-CH=CH_2$	η: 100-150 mPa/s MW: 7438 g/mol
A 200	$CH_2=CH-SiOMe_2-(SiOMe_2)_{\underline{198}}-SiOMe_2-CH=CH_2$	η: 200-400 mPa/s MW: 14838 g/mol
A 350	$CH_2=CH-SiOMe_2-(SiOMe_2)_{\underline{348}}-SiOMe_2-CH=CH_2$	η: 1500 mPa/s MW: 25938 g/mol
SiH-Siloxane		
B 5	$Me_3SiO-(SiOMe_2)_{\underline{43}}-(SiOMeH)_{\underline{5}}-SiOMe_3$ [10 % der Siliziumatome sind funktionalisiert]	η: 50-120 mPa/s MW: 3639 g/mol
B 3,5	$Me_3SiO-(SiOMe_2)_{\underline{64,5}}-(SiOMeH)_{\underline{3,5}}-SiOMe_3$ [5 % der Siliziumatome sind funktionalisiert]	η: 50-120 mPa/s MW: 5141,5 g/mol

[*] Herstellerangaben (Evonik Goldschmidt GmbH, Essen)

Biokatalysatoren:

Tabelle 5: Biokatalysatoren.

Produktname	Biokatalysator	EC	Proteingehalt
Novozymes L (Novozymes, Bagsvaerd, Dänemark)	CALB (flüssig)	3.1.1.3	5 mg/mL*
Novozym 435 (Novozymes, Bagsvaerd, DK)	CALB (adsorptiv auf PMMA-Träger immob.)	3.1.1.3	ca. 5 % (w/w)* 1-10 % (w/w)**
LCAHN (Sprin Technologies, Triest, Italien)	CALB (adsorptiv auf PS-Träger immob.)	3.1.1.3	3-4 % (w/w)**.
Lipozyme RM IM (Novozymes, Bagsvaerd, DK)	Lipase aus *Rhizomucor miehei* (adsorptiv auf Ionen-austauscherharz immob.)	3.1.1.3	1-10 % (w/w)**
Esterase ERO (Fluka, Neu-Ulm)	Esterase aus *Rhizopus oryzae*	3.1.1.1	20 % (w/w)*
Subtilisin, IMMALC350 (Chiral Vision, Leiden, Niederlande)	Alcalase® (kovalent an *Immobeads* immob.)	3.4.21.62	3-4 % (w/w)**
NovoSample (NS) 42035 „Flavostar" (Novozymes, Bagsvaerd, Dänemark)	Laccase aus *Myceliophthora thermophila* (flüssig)	1.10.3.2	7,3 µg/mL*

*selbst bestimmt (nach Bradford); **Herstellerangaben; immob. = immobilisiert;
CALB = *Candida antarctica* Lipase B; PMMA = Polymethylmethacrylat; PS = Polystyrol

2.1.2 Geräte

Analysesiebe ISO 3310/1 (75 - 800 µm)	Retsch (Haan)
ATR-FTIR-Spektrometer	PerkinElmer (Waltham, USA)
Autotitrator TitroLine *alpha*	Schott AG (Mainz)
Digitalkamera SP-500 ZU	Olympus (Hamburg)
EDX (Röntec-XFlash-Detektor)	ZELMI (TU Berlin)

Gaschromatograph GC-2010	Shimadzu (Kyoto, Japan)
Gefriertrockner Alpha 1-2 LD plus	Martin Christ (Osterode)
Druckluftanlage CL7	Boge GmbH & Co KG (Bielefeld)
Marprenschläuche	Petro Gas (Berlin)
Kugel-Metallsieb (Ø 4,5 cm)	Real (Mönchengladbach)
Multirührplatte RT15 *power*	Ika (Staufen)
Partikelanalysator ASAP 2400	Micrometrics (Mönchengladbach)
Pelletierteller GTE	Erweka (Heusenstamm)
Peristaltikpumpe 503 U	Watson-Marlow (Rommerskirchen)
REM (EDX) S 2700	Hitachi (Maidenhead, UK)
Schwingmühle MM301	Retsch (Haan)
Spektralphotometer	Varian (Darmstadt)
TEM 2010F	Jeol (Eching)
Thermostat MGW K6	Lauda (Lauda-Königshofen)
Trockenschrank	Haereus (Hanau)
Vortexer Genius 3	Ika (Staufen)
Wirbelschichtcoater Miniglatt	Glatt (Binzen)
Zweistoffdüse Modell 970	Düsenschlick (Untersiemau)
Überkopfschüttler 3025	GFL (Burgwedel)

2.2. Methoden

2.2.1 Herstellung der siliconbeschichteten Partikel

Exemplarische Herstellung der Siliconelastomere: 1 g Partikel (bspw. Novozym 435, VP OC 1600 oder LCAHN) wurden in einer Metallschale mit unterschiedlichen Mengen und Mischungsverhältnissen der Komponenten A und B (Zusammensetzung siehe Tabelle 4), sowie dem Karstedt-Katalysator (SYL-OFF® 4000) versetzt. Die Siliconkomponenten inklusive des Katalysators wurden jeweils vor der Applikation in 2-3 mL Cyclohexan gelöst und dann in die Metallschale zu den Partikeln gegeben. Nach der Zugabe wurde die Metallschale mit Inhalt mittels Vortexer (Ika, Stufe 9) für 15-30 min stark dispergiert bis das Cyclohexan abgedampft war. Anschließend wurden die Partikel für etwa 3 h im Trockenschrank bei 50 °C oder optional für 12 h bei RT getrocknet. Weitere Details zum Beschichtungsprotokoll können Wiemann *et al.* (2009 a/b) und Thum *et al.* (2009) entnommen werden. Nach dieser Methode wurden Enzymimmobilisate mit Silicon beschichtet, so dass sich Massenanteile des Silicons von 30, 40, 50, 52, 54, 56, 58 und 60 % (w/w) bezogen auf die Gesamtmasse einstellten. Das würde bspw. für Novozym 435 mit 50 % Siliconanteil bedeuten, dass dieses zu 50 % (w/w) aus Silicon und zu 50 % (w/w) aus Novozym 435 besteht.

2.2.2 Immobilisierung der CALB auf VP OC 1600

Zur Herstellung eines Novozym 435-ähnlichen Lipaseimmobilisats wurde Lewatit VP OC 1600 (Lanxess, Bayer) als Träger und die CALB (CALB L, Novozymes) als Lipase verwendet. Zur adsorptiven Bindung wurde 1 g Träger mit 5 mL Enzymlösung für 1 h im Überkopfschüttler (Haereus) bei RT leicht durchmischt. Der Proteinanteil der Enzymlösung lag bei ca. 5 mg/mL. Die Immobilisate wurden über Faltenfilter abgetrennt, vorsichtig mit 250 mL Aqua dest. und dann mit 5 mL Isopropanol abgespült und für 3 h bei RT getrocknet. Die fertigen Immobilisate wurden bis zur weiteren Verwendung in verschlossenen Gefäßen bei 4 °C gelagert.

2.2.3 Quellungsverhalten der Silicone

Polymerblöcke aus den verschiedenen Siliconmonomer-Mischungen (A100, A200, A350 und B5, B3,5) wurden nach oben genannten Protokoll (s. Kapitel 2.2.2) hergestellt und in Würfel geschnitten (Kantenlänge 4 mm). Diese wurden in Kunststoffspritzen (6 mL Gesamtfüllvolumen) der Fa. Braun überführt, wo sie etwas ein Volumen von 0,4-1 mL einnahmen. Das Restvolumen wurde mit diversen Lösungsmitteln aufgefüllt. Die Proben wurden dann für 2 h bei RT oder bei 60 °C bis zur vollständigen Quellung gelagert. Anschließend wurde das überschüssige Lösungsmittel vorsichtig durch leichtes Drücken des Kolbens herausgepresst, ohne dabei den Quellungsgrad der Siliconelastomere zu verringern (s. Abbildung 8). Das Volumen der gequollenen Elastomere wurde anhand der Volumenskala der Spritze und zusätzlich anhand der Gewichtszunahme unter Berücksichtigung der jeweiligen Dichten bestimmt. Die Berechnung des Quellungsindex erfolgte nach Formel 1. Die Quellungsexperimente wurden als Dreifachansätze durchgeführt. Als Lösungsmittel wurden Laurinsäure, 1-Propanol, Propyllaurat, sowohl einzeln als auch als äquimolares Gemisch bei 60 °C, sowie Hexan, Methylcyclohexan und Dekan bei RT untersucht.

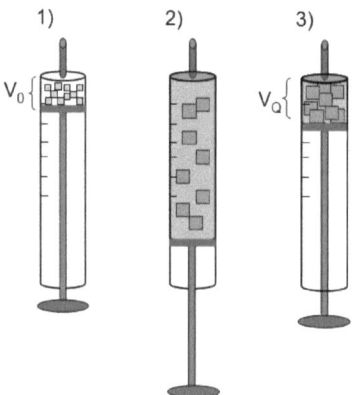

Abbildung 8: Bestimmung der Volumenzunahme durch Quellung der Siliconelastomere in Lösungsmitteln (V_0=Volumen vor Quellung; V_Q=Volumen nach Quellung).

(1) Quellungsindex = $\dfrac{V_{0(Silicon)} + V_L}{V_{0(Silicon)}}$ mit $V_0 = \dfrac{m_0}{\rho_{Silicon}}$ und $V_L = \dfrac{m_{Lösungsmittel}}{\rho_{Lösungsmittel}}$

2.2.4 Bestimmung des Proteingehalts nach Bradford

Die Bestimmung des Proteingehalts wurde nach der Methode von Bradford (1976) durchgeführt, die auf der Bindung des Triarylmethan-Farbstoffes *Coomassie Brilliant Blue* G-250 an basische und aromatische Aminosäurereste im Protein basiert, was eine selektive Verschiebung des Absorptionsmaximums von 465 nm auf 595 nm bedingt. Die Kalibrierung erfolgte unter Verwendung von BSA der Konzentrationen von 5-20 µg/L als Standard. Hierzu wurden die jeweiligen Proben mit Aqua dest. auf 800 µL aufgefüllt, mit 200 µL Bradfordreagenz (Bio-Rad, München) vermischt und nach 5 min Reaktionszeit die Absorption bei 595 nm in Polystyrol-Einmal-Küvetten gemessen.

2.2.5 Bestimmung der enzymatischen Aktivitäten

2.2.5.1 Hydrolytische Lipaseaktivität in Lipase *Units* (LU)

Die hydrolytische Aktivität wurde unter Verwendung von Tributyrin als Substrat mittels pH-Stat-Methode bestimmt. Dazu wurden 10-20 mg katalytisch aktiver Partikel (bspw. Novozym 435) zu

25 mL Tris-HCl-Puffer (1 mM bei pH 7,5, mit 0,1 mM NaCl und $CaCl_2$) und 500 µL Tributyrin gegeben. Die durch Hydrolyse freigesetzte Buttersäure wurde mit NaOH (50 mM) unter Verwendung eines Autotitrator (Tritroline alpha, Schott, Mainz) neutralisiert. Anhand des Verbrauchs an Base im Verlauf der Reaktion (von der 3. bis zur 20. min) wurde die Enzymaktivität in Lipase *Units* (LU) nach Formel 2 berechnet. Dabei entspricht ein LU der Menge an Lipase (bzw. Enzymimmobilisat) pro Gramm, die 1 µmol Buttersäure pro Minute freisetzt.

(2) Aktivität [U/g_{Enzym}]: $$\frac{V_{Base}[mL/\min]*Molarität_{Base}[mmol/mL]*1000}{Masse_{Enzym}[g]}$$

2.2.5.2 Hydrolytische Esteraseaktivität in Esterase *Units* (EU)

Analog zur Bestimmung der Hydrolyse von Tributyrin wurde Valeriansäureethylester als Substrat für Esterasen verwendet. Dazu wurden 10-20 mg katalytisch aktive Partikel zu 25 mL Phosphat-Puffer (1 mM, pH 8,0) und 500 µL Valeriansäureethylester gegeben. Die durch Hydrolyse freigesetzte Buttersäure wurde mittels Autotitrator (TitroLine alpha, Schott) mit NaOH (10 mM) gegentitriert um den pH-Wert konstant auf 8,0 zu halten. Die hydrolytische Aktivität wurde über die Menge der zutitrierten Base quantifiziert und nach Formel 2 berechnet. Dabei entspricht eine Esterase Unit (EU) der Menge an Esterase (bzw. Enzymimmobilisat) pro Gramm, die 1 µmol Valeriansäure pro Minute freisetzt.

2.2.5.3 Lösungsmittelfreie Propyllauratsyntheseaktivität (PLU)

Zur Bestimmung der katalytischen Aktivität bei der Estersynthese von Propyllaurat wurden 10-20 mg katalytisch aktiver Partikel (bspw. Novozym 435 oder LCAHN) mit 5 mL Substratlösung (bestehend aus einem lösungsmittelfreien äquimolaren Gemisch aus Laurinsäure und 1-Propanol) in verschließbaren 25 mL Reaktionsgefäßen aus Glas bei 60 °C mit Magnetrührern durchmischt. Die Versuchsdauer betrug 25 min, wobei alle 5 min 50 µL Probe entnommen und in 950 µL Dekan (mit 4 mM Dodekan als internen Standard) überführt wurden. Die initialen Produktbildungsraten wurden im Dreifachansatz bestimmt. Der Nachweis von Propyllaurat (Retentionszeit: 9,79 min) erfolgte gaschromatographisch (Shimadzu GC2010, Detektortyp FID) unter Verwendung einer apolaren BPX-5-Säule (Fa. SGE, Griesheim, Länge 25 m, I.D. 0,22 mm und Filmdicke 0,25 µm). Weitere GC-Parameter waren wie folgt: Injektor- und Detektortemperatur: 300 °C; Starttemperatur: 60 °C; Halten der Starttemperatur 1,5 min; Temperaturanstieg: 20 °C/min; Endtemperatur: 250 °C; Halten der Endtemperatur: 2,5 min; Trägergas: Helium. Die Aktivitäten wurden in Propyllaurat *Units* (PLU) angegeben, wobei ein PLU der Menge Katalysator entspricht, die 1 µmol Produkt pro Minute bildet.

2.2.5.4 Propyllauratsyntheseaktivität (PLU_{org}) in organischem Lösungsmittel

Zur Bestimmung der Aktivitäten der Enzympräparate in org. Lösungsmitteln wurden 10-20 mg der katalytisch aktiven Partikel und 5 mL Methylcyclohexan (50 mM Laurinsäure und 1-Propanol, sowie 20 mM Dekan als interner Standard) in verschließbaren 25 mL Reaktionsgefäße aus Glas bei 25 °C mit Magnetrührern durchmischt. Die initialen Produktbildungsraten von Propyllaurat (Retentionszeit: 8,18 min) wurden als Dreifachansätze bestimmt und gaschromatographisch analysiert (GC und Säule siehe Kapitel 2.2.5.3). Weitere GC-Parameter waren wie folgt: Injektortemperatur: 250 °C; Detektortemperatur: 250 °C; Starttemperatur: 60 °C; Temperaturanstieg: 32 °C/min; Endtemperatur: 220 °C; Halten der Endtemperatur: 4 min, Trägergas: Helium. Die Aktivitäten wurden als Propyllaurat *Units* in org. Lösungsmittel (PLU_{org}) angegeben, wobei ein PLU_{org} der Menge Katalysator entspricht, die die Bildung von 1 µmol Produkt pro Minute katalysiert.

2.2.5.5 Bestimmung der hydrolytischen Proteaseaktivität von Subtilisin

Zur Bestimmung der hydrolytischen Proteaseaktivität von Subtilisin wurden 0,5 g Ethyl-*N*-acetylglycinat in 25 mL Kaliumphosphat-Puffer (25 mM, pH 7,5) gelöst und mit 1 % (w/w) Tween 80 vermischt. Die Reaktion wurde in einem 50 mL Becherglas bei 40 °C durch Zugabe von 100-200 mg Subtilisinimmobilisat (IMMALC350, Chiral Vision, Leiden, Niederlande) gestartet. 3 min nach Enzymzugabe wurde mit der Messung begonnen. Die durch Hydrolyse freigesetzte Essigsäure wurde mittels Autotitrator (TitroLine alpha, Schott) mit NaOH (10 mM) gegentitriert um den pH-Wert konstant bei 7,5 zu halten. Über den NaOH-Verbrauch wurde nach Formel 2 die Aktivität in $U/g_{IMMALC350}$ bestimmt, wobei 1 Unit der Menge IMMALC350 entsprach, die 1 µmol Essigsäure pro Minute freisetzt. Alle Aktivitäten wurden dreifach bestimmt.

2.2.5.6 Bestimmung der Laccaseaktivität

Zur Bestimmung der Laccaseaktivität wurden 5 µL der Flüssig-Enzympräparate bzw. 10-20 mg der Immobilisate in 19 mL Kaliumphosphatpuffer (100 mM, pH 6) und 1 mL ABTS-Lsg. (1,8 mM *ready-to-use*-Lösung, Sigma-Aldrich) überführt und die Zunahme der Extinktion photospektrometrisch bei 37 °C bei einer Wellenlänge von 405 nm in Quarzküvetten gemessen. Die Laccaseaktivität wurde über eine Zeitspanne von 20 min verfolgt. Die enzymatische Aktivität wurde nach Formel 3 berechnet und in *Units* (U/mL bzw. U/g) angegeben, wobei 1 Unit als die Menge Enzym definiert ist, die 1 µmol Substratumsatz pro Minute katalysiert:

$$(3) \text{ Laccase-Aktivität in [U/g bzw. U/mL]} = \frac{\Delta Ext._{405} \cdot V_{gesamt}}{\Delta t \cdot \varepsilon \cdot d \cdot V_{Probe}}$$

Δ Ext. $_{405}$	Änderung der Extinktion in Abhängigkeit von der Zeit
V_{gesamt}	Gesamtvolumen des Reaktionsansatzes [20 mL]
V_{Probe}	Volumen der Probe [2 mL]
Δt	Änderung der Zeit [min]
ε	Extinktionskoeffizient von ABTS bei 405 nm [43,2 mL µmol^{-1} cm^{-1}]
d	Schichtdicke der Küvette [1 cm]

2.2.6 Bestimmung der Desorptionsstabilität der Immobilisate

2.2.6.1 Desorptionsstabilität in MeCN/Wasser

Die Bestimmung der Desorptionsstabilität der Immobilisate erfolgte nach folgendem Schema: 100 mg der Enzymimmobilisate wurden für 15, 30, 45 oder 60 min in 20-25 mL MeCN/H$_2$O (1:1, v/v) bei 45 °C gerührt. Anschließend wurden aus dem Überstand Proben (1 mL) entnommen, lyophilisiert und wieder in Aqua dest. (1 mL) resuspendiert. Dann wurde der Proteingehalt nach Bradford [1976] bestimmt (siehe Kapitel 2.2.4). Die so behandelten Partikel wurden zudem nach ausgiebigem Spülen mit Aqua dest. und 1-3 stündiger Trocknung bei 50 °C zur Bestimmung der Restaktivitäten (LU und PLU) verwendet (vgl. Kapitel 2.2.5.1 und 2.2.5.3).

2.2.6.2 Desorptionsstabilität in Antil® 141

100-150 mg der Immobilisate wurden bei 60 °C langsam in dem Tensid Antil® 141 (Gemisch aus Propylenglykol und PEG-55/Propylenglykololeat) für 10-120 min gerührt. Die so behandelten Partikel wurden über Faltenfilter abgetrennt, mit ca. 25 mL lauwarmem (40 °C) Isopropanol gespült, für 3 h bei 50 °C getrocknet um dann die Restaktivitäten (bspw. in LU und PLU) zu bestimmen (vgl. Kapitel 2.2.5.1 und 2.2.5.3).

2.2.7 Bestimmung der mechanischen Stabilität der Partikel

2.2.7.1 Schwingmühle

Definierte Partikelmengen (250-500 mg) wurden zusammen mit 4 g Glaskugeln (Ø 2 mm) in den verschließbaren Metallzylinder einer Schwingmühle gegeben und bei 30 sec^{-1} für 5 min geschüttelt. Anschließend wurde die Korngrößenverteilung der Proben über Siebung und Auswiegen der Siebfraktionen bestimmt. Die Ausschlussgrößen der Siebe lagen bei 800, 700, 600, 500, 400, 300, 150 und 75 µm. Um feine Partikelrückstände an den Glaskugeln und im Metallzylinder zu vermeiden, wurden diese direkt mit den restlichen Partikelbruchstücken und einer 1 % (v/v) Tensidlösung (TWEEN 80) in die Analysesiebe gespült, mit Aqua dest. nachgespült, getrocknet und dann ausgewogen. Es folgte eine Normierung auf 1 g Partikelgesamtmenge und die graphische Darstellung der prozentualen Korngrößenverteilung (KGV).

2.2.7.2 Rühren in Laurinsäure

100 g Partikel wurden in einem 50 mL-Becherglas mit 5 mL Laurinsäure bei 60 °C für 2 h mit einem Magnetrührer stark gerührt. Die Partikel wurden über Faltenfilter abgetrennt und mit 50-100 mL lauwarmen Isopropanol gespült um Laurinsäurerückstände zu entfernen. Nach kurzem Trocknen wurden die Korngrößenverteilungen der Partikel nach zuvor beschriebenem Verfahren per Siebung, allerdings ohne Wasser/Tensid-Spülung, bestimmt. Des Weiteren wurden die so behandelten Partikel zur Anfertigung der nachfolgend beschriebenen REM-Aufnahmen verwendet.

2.2.8 Partikelcharakterisierung

2.2.8.1 Rasterelektronenmikroskopie (REM)

Zwecks Charakterisierung der Partikeloberflächenstruktur wurden von Partikeln mit und ohne Siliconbeschichtung, vor und nach mechanischer Beanspruchung, REM-Aufnahmen angefertigt. Dazu wurden die Partikelproben für Oberflächenaufnahmen mittels doppelseitiger Klebefolie auf dem Probenteller des REM fixiert, Wasser möglichst rückstandsfrei evaporiert und dann zur Signalverstärkung mit einer feinen Oberflächengoldschicht besputtert. Die Proben wurden dann an einem Rasterelektronenmikroskop (Hitachi S2700) mit einer Beschleunigungsspannung von 20 kV vermessen.

2.2.8.2 Energiedispersive Röntgenspektroskopie (EDX)

Zur Anfertigung von Partikelquerschnitten wurden die Partikel in flüssigem Stickstoff schockgefroren und unter leichtem Druck in einem Mörser zerbrochen. Partikelproben mit ebenen Bruchkanten wurden mittels doppelseitiger Klebefolie auf dem Probenteller fixiert, Wasserrückstände entfernt und dann mit einer feinen Kohlenstoffschicht besputtert. Die Elementverteilungs-Scans wurden an einem Rasterelektronenmikroskop (Hitachi S-2700) unter Verwendung eines XFlash-Detektors (Röntec-AG, Berlin) bei Strahlenflüssen von 20 nA durchgeführt.

2.2.8.3 Transmissionselektronenmikroskopie (TEM)

Die TEM-Aufnahmen von Partikelmakroporen wurden an einem Transmissionselektronenmikroskop (Jeol 2010F, Eching) bei einer Beschleunigungsspannung von 200 kV durchgeführt. Für die hochaufgelösten EDX-Linienanalysen wurde eine Noran System Six-EDX-Detektoreinheit zum TEM hinzugeschaltet. Von den zu messenden Partikeln wurden dazu Kryo-Dünnschnitte angefertigt.

2.2.9 Bestimmung der spezifischen Partikeloberfläche (nach BET) und der Porengrößen (Hg-Porosimetrie)

2.2.9.1 BET-Methode (nach Brunauer, Emmett und Teller, 1937)

Die spezifische Oberfläche von Partikeln wurde mittels Stickstoff-Adsorptions-Technik bei 77 K unter Verwendung eines Partikelanalysators (ASAP 2400, Micrometrics) bestimmt. Die Partikelproben wurden vor der Messung im Vakuum bei RT entgast (nach Methode DIN/ISO 9277). Die Messungen wurden unter Anleitung von Herrn Dr. M. Naumann bei der Evonik Goldschmidt AG durchgeführt.

2.2.9.2 Hg-Porosimetrie (nach Barret-Joyner-Halenda)

Die Partikelporosität von Meso- zu Makroporen wurde nach Trocknung der Proben bei 453 K mittels Quecksilber-Intrusion nach Methode DIN66133 bzw. ISO15901-1 unter Verwendung eines Porosimeters (Autopore iV, Micrometrics) bestimmt. Die Verteilung von Mikro- zu Mesoporen wurde nach der Methode von Barret-Joyner-Halenda (BJH) unter Verwendung eines Partikelanalysators (ASAP 2400, Micrometrics) bestimmt, wobei streng nach DIN66134/ISO15901-2 vorgegangen wurde. Die Messungen wurden unter Anleitung von Herrn Dr. M. Naumann bei der Evonik Goldschmidt AG durchgeführt.

2.2.10 Abgeschwächte Totalreflexion Fourier-Transformations-Infrarotspektroskopie (ATR-FTIR)

Zum Nachweis der CALB auf dem PMMA-Träger von Novozym 435 wurden ATR-FTIR-Messungen durchgeführt. Die Aufnahme der FTIR-Spektren erfolgte an einem FTIR-Spektrometer *Spectrum One* (PerkinElmer) mittels einer ZnSe-ATR-Messeinheit. Als Indikator galt die proteinspezifische Amid-I-Bande bei etwa 1652 cm^{-1}. Ein Vorteil dieser Methode ist die einfache Probenpräparation. Die Proben wurden als feste ganze Kugeln gemessen nachdem sie für 3 h im Trockenschrank bei 50 C getrocknet wurden. Der Messbereich lag zwischen 4000 cm^{-1} und 650 cm^{-1}. Es wurden pro Messung 4 Scans bei einer Auflösung von 4 cm^{-1} durchgeführt. Die Messeinheit wurde zwischen den Messungen mit Aceton gereinigt.

3 Ergebnisse und Diskussion

3.1 Beschichtung von Novozym 435 mit Silicon

Das kommerziell erhältliche Lipaseimmobilisat Novozym 435 verfügt bis dato mit bis zu 10.000 PLU/g über die vermutlich höchste gefundene Aktivität für die technische Synthese von Emollientestern. Auch die hervorragenden Eigenschaften von Siliconen für die Immobilisierung von Lipasen wurden bereits eingehend beschrieben [Gill und Ballesteros, 1998; Gill *et al.*, 1999; Ragheb *et al.* 2003; Buthe *et al.*, 2005 und Buthe, 2006]. Deshalb wurde im Rahmen dieser Arbeit versucht, das hochaktive Novozym 435 durch Aufbringen einer feinen äußeren Siliconschicht zu stabilisieren (Abbildung 9). Primäres Ziel war dabei eine signifikante Erhöhung der Leachingstabilität des Präparates, also der Stabilität gegenüber einer durch das Umgebungsmedium induzierten Desorption des Enzyms von der Trägeroberfläche. Ein weiteres Ziel lag in der Verbesserung der mechanischen Stabilität der Immobilisate, bspw. gegenüber starken Beanspruchungen und Belastungen wie sie typischerweise in Rührwerksreaktoren und mit Einschränkungen auch in der Blasensäule auftreten.

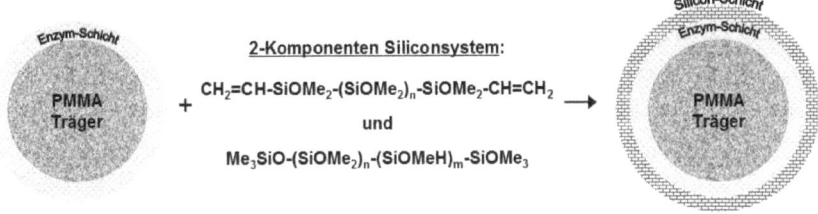

Abbildung 9: Illustration des eigentlichen Beschichtungszieles – Aufbringen einer schützenden Siliconschicht auf die Oberfläche des Novozym 435-Partikels (PMMA: Polymethylmethacrylat).

3.1.1 Auswahl und Eigenschaften der Silicone

3.1.1.1 Die Siloxanmonomere und ihre Eigenschaften

Das für die Herstellung der statischen Emulsion verwendete 2-Komponenten Silicongemisch aus einem Divinylsiloxan und einem SiH-Siloxan ermöglichte die Herstellung von Silicon-Lipase-Immobilisaten mit hohen spezifischen Aktivitäten, die zudem mechanische sehr stabil waren und hohe Enzymleachingstabilität besaßen [Buthe *et al.*, 2005, Buthe 2006]. Aufgrund der ausgesprochen hohen Viskositäten, speziell der Divinylsiloxankomponente, erschienen sie aber für eine Beschichtung der Novozym 435-Partikel als ungeeignet, da eine gleichmäßige Beschichtung der Partikel so nicht möglich oder nur unter Zugabe von sehr großen Lösungsmittelüberschüssen zu bewerkstelligen gewesen wäre. Aufgrund dessen wurde eine Auswahl maßgeschneiderter Siloxane unterschiedlicher Kettenlängen und Vernetzungsmöglichkeiten verwendet, die insgesamt aufgrund von kürzeren Monomerkettenlängen geringere Viskositäten aufwiesen. Die Herstellung dieser Siloxanmonomere erfolgte nach dem dafür typischerweise verwendeten Äquilibrierungsverfahren [Burkhart *et al.*, 2007] in den Laboren der Evonik Goldschmidt AG (Essen) und wurden freundlicherweise zur Verfügung gestellt. Es handelt sich hierbei ebenfalls um 2-Komponenten Systeme aus divinylterminierten Siloxanen (nachfolgend als A-Komponente bezeichnet) und SiH-Siloxanen (nachfolgend als B-Komponente bezeichnet), die in Gegenwart von Karstedt-Katalysator bereits bei Raumtemperatur hydrosilylieren und so zur Bildung fester Siliconelastomere führen. Zur Herstellung von Siliconen unterschiedlicher Maschenweiten standen drei unterschiedlich lange A-Komponenten und zwei verschiedene B-Komponenten zur Verfügung. Eine genaue Übersicht der neuen maßgeschneiderten Siloxanmonomere und ihrer Eigenschaften ist Tabelle 4 (Kapitel 2.2.1) zu entnehmen. Die drei A-Komponenten sind α,ω-terminierte Divinylsiloxane, die sich lediglich in ihren Si-O-Kettenlängen voneinander unterschieden. Sie werden nach Si-O-Kettenlänge aufsteigend als A100, A200 und A350 bezeichnet, wobei die Zahlenwerte die Gesamtanzahl an Si-O-Einheiten im Monomer indizieren – folglich besteht das Siloxan A100 aus 100 SiO-Einheiten im Polymerrückgrat. Des Weiteren wurden zwei unterschiedliche SiH-Siloxane als B-Komponente verwendet. Die beiden SiH-Siloxane sind nach der statischen Häufigkeit von SiH-Funktionen im Monomer als B3,5 und B5 bezeichnet, wobei B3,5 bei einem Molgewicht von 5141,5 g/mol durchschnittlich 3,5 SiH-Funktionen und B5 bei einem Molgewicht von 3638 g/mol durchschnittlich 5 SiH-Funktionen besitzt. Das bedeutet, dass in Komponente B5 10 % und in B3,5 lediglich 5 % der Siliziumatome SiH-funktionalisiert sind. Demnach besitzt ein polymerisiertes Siliconelastomer bestehend aus A100 und B5 den statistisch größten und ein Gemisch aus A350 und B3,5 den statistisch geringsten Vernetzungsgrad im Polymernetzwerk. Über die insgesamt hohen Vernetzungsgrade (bzw. engen „Maschenweiten" im Siliconnetzwerk) sollte sichergestellt werden, dass die CALB nicht durch das Siliconpolymer „ausblutet" und so im Reaktionsverlauf ausgewaschen werden kann. Außerdem wurden gezielt raumtemperaturvernetzende (RTV) Siliconelastomere verwendet, die entsprechend bereits bei Raumtemperatur polymerisieren, um zu verhindern, dass die Enzyme aufgrund der inaktivierenden Wirkung hoher Temperaturen schon während der Siliconbeschichtung an Aktivität verlieren könnten.

3.1.1.2 Herstellung der Siliconelastomere

Zur genaueren Charakterisierung des Polymerisationsverhaltens der neuen Siliconmonomere in Abhängigkeit der Mischungsverhältnisse sowie der Umgebungsbedingungen und als Basis für weitere Untersuchungen der Materialeigenschaften der neuen Silicone wurden Polymerblöcke unterschiedlicher Mischungsverhältnisse untersucht. Dazu wurden Polymere aus jeweils einer A-Komponente mit einer B-Komponente hergestellt. Die Mischungen wurden so gewählt, dass äquimolare Verhältnisse bezüglich der reaktiven Gruppen vorlagen. Zudem wurden in den Monomermischungen, aufgrund zu erwartender (spontaner) Umlagerungsreaktionen der Vinylgruppen während der Herstellung, Konfektionierung und Lagerung, 10%ige Vinylüberschüsse vorgelegt. Zur besseren Vermischung und der daraus resultierenden verbesserten Vernetzung der Siliconmonomere wurden die Monomermischungen in einem organischen Lösungsmittel (bspw. Cyclohexan, Methylcyclohexan oder Toluol) gelöst und für einige Minuten stark homogenisiert. Die Polymerisation wurde dann durch Zugabe von Karstedt-Katalysator (bspw. SYL-OFF® 4000) und nach erneutem Homogenisieren gestartet. Hierbei zeigte sich, dass Katalysatormengen von 10-50 ppm bezogen auf die Gesamtmenge eingesetzter Siloxane ausreichten um die Polymerisationsreaktion zu katalysieren. Das Gemisch aus Monomer, Karstedt-Katalysator und Lösungsmittel wurde nach erneutem starken Homogenisieren in rechteckige Metall- oder Plastikformen überführt und schüttelnd für 2-3 h bei RT oder für 1 h bei 50 °C inkubiert, bis ein Grossteil des organischen Lösungsmittels verdampfte und die Silicone bis zum vollständigen Umsatz polymerisierten. In allen genannten Beispielen kam es zur Bildung von festen semitransparenten Siliconelastomeren. Im Rahmen der Handhabung und Weiterverarbeitung der fertigen Siliconelastomere für die Quellungsexperimente (Kapitel 3.2.1.3) fiel auf, dass die Silicone mit dem engsten Netzwerk (A100/B5) erwartungsgemäß auch besonders stabil wirkten, wohingegen die mit dem weitesten Netzwerk (A350/B3,5) in der Tendenz etwas weniger stabil und dazu leicht klebrig zu sein schienen.

Abweichungen von den oben beschriebenen Monomermischungsverhältnissen und Reaktionsbedingungen führten zu nicht bzw. unvollständig polymerisierten Siliconpolymeren oder zu spröden und brüchigen bzw. stark klebrigen Siliconpolymeren (Daten nicht gezeigt). Da im Hinblick auf die angestrebte Erhöhung der Stabilitäten von Enzymimmobilisaten durch Beschichtung mit Silicon feste Elastomere benötigt werden, wurden sämtliche nachfolgend durchgeführten Experimente unter Verwendung der beschriebenen „idealen" Mischungsverhältnissen durchgeführt.

3.1.1.3 Quellungsverhalten der Siliconelastomere

Der Einsatz des Silicon-Enzym-Immobilisats auf Basis der „Statischen Emulsion" in organischen Lösungsmitteln wie Hexan resultierte in einer deutlichen Gewichts- und Volumenzunahme [Buthe et al., 2005]. Dieser Vorgang, auch als Quellung bezeichnet, wurde ebenfalls durch Gill et al. (1999) und Ragheb et al. (2003) für vergleichbare Silicone in organischen Lösungsmitteln wie Hexan oder Isooktan beschrieben. Das Quellungsverhalten der Siliconelastomere war in dieser Arbeit aus vielerlei Hinsicht von Relevanz. So war bspw. davon auszugehen, dass die mechanische Stabilität im gequollenen Zustand abnimmt. Zudem könnte sich das Polymernetzwerk im gequollenen Zustand so stark ausdehnen, dass ein Zurückhalten der adsorbierten Enzyme nicht mehr gewährleistet wäre. Ferner ist davon auszugehen, dass der Massentransfer vom Quellungsgrad der Siliconelastomere abhängt und darüber einen Einfluss auf die Aktivitäten der Immobilisate hat. Da Novozym 435 außerdem häufig Anwendung als Biokatalysator für Synthesen in organischen Lösungsmitteln, oder in Zwei- bzw. Mehrphasensystemen unter Beteiligung organischer Lösungsmittel findet [End und Schöning, 2004], wurde das Quellungsverhalten der Siliconelastomere in einigen ausgewählten Lösungsmitteln untersucht. Dazu wurden Siliconelastomere der Kombinationen A100/B5, A100/B3.5, A200/B5, A200/B3,5, A350/B5 und A350/B3,5 nach bewährter Methode zum Polymerisieren in Blöcke gegossen. Die genaue Methode zur Bestimmung der Quellungsgrade ist Kapitel 2.2.3 zu entnehmen. Abbildung 10 zeigt die Quellungsgrade der sechs unterschiedlichen Siliconelastomere in Methylcyclohexan, Hexan und Dekan nach einer Inkubationszeit von 2 h und dem Erreichen des Quellungsgleichgewichts. Die Quellungsindices liegen in den org. Lösungsmitteln mit 6-10-fachen Volumenzunahmen deutlich höher als die von Gill et al. (1999) für ähnliche Polydimethylsiloxane bestimmten Volumenzunahmen (0,6- bis 2,3-fach) erwarten ließen. Die Volumenzunahmen waren in Methylcyclohexan und Hexan durchschnittlich etwas stärker ausgeprägt als in Dekan. Die quellungsbedingten Volumenzunahmen beruhen auf der ausgeprägten Hydrophobizität der Silicone, die die Aufnahme der ebenfalls hydrophoben Lösungsmittel bis zur Einstellung eines Gleichgewichtes begünstigt. Das eindringende Lösungsmittel bedingt eine Relaxation in Teilen des Polymernetzwerkes und führt dadurch zu den beobachteten Volumenzunahmen [Anseth et al., 1996]. Dabei besteht ein komplexer Zusammenhang zwischen den Lösungsmittel- und Polymereigenschaften, zu denen u.a. die Dichte, die Polarität, der logP, die Dielektrizitätskonstante und die Molekültopologie gehören. Dieser Zusammenhang wurde im Rahmen dieser Arbeit aus Zeitgründen nicht weiter untersucht. Stattdessen war hier die Abhängigkeit des Quellungsgrades von der gewählten Monomerkombination von besonderem Interesse. Dieser Zusammenhang wird durch die vergleichende Darstellungsform besonders deutlich: Während bspw. in Methylcyclohexan beim Elastomer mit der höchsten Vernetzungsdichte (A100/B5) eine 6-fache Volumenzunahmen beobachtet wurde, betrug diese beim Elastomer mit der geringsten Vernetzungsdichte (A350/B3,5) bereits einer 10-fachen Volumenzunahme. Dies entspricht bei genauerer Betrachtung den Erwartungen, da Ragheb *et al.* (2003) bereits den direkten Zusammenhang zwischen Quellungsgrad und Vernetzungsgrad von Siliconen beschrieben. Der Quellungsgrad hängt demnach von der Materialstärke der Polymere ab, wobei gilt: Je höher die Materialstärke, desto geringer der Quellungsgrad. Folglich ist es möglich, durch eine Erhöhung der Anzahl der Quervernetzungen im Polymer die Materialstärke zu verbessern und dadurch den Quellungsgrad zu verringern [Anseth *et al.*, 1996]. Im Umkehrschluss bedeutet dies, dass die Silicone die am wenigstens stark quellen auch die mechanisch stabilsten sind [Anseth *et al.*, 1996]. Dieses Wissen kann bei zukünftigen Optimierungen der mechanischen Eigenschaften der Silicone von Nutzen sein und sollte Gegenstand weiterer Untersuchungen sein.

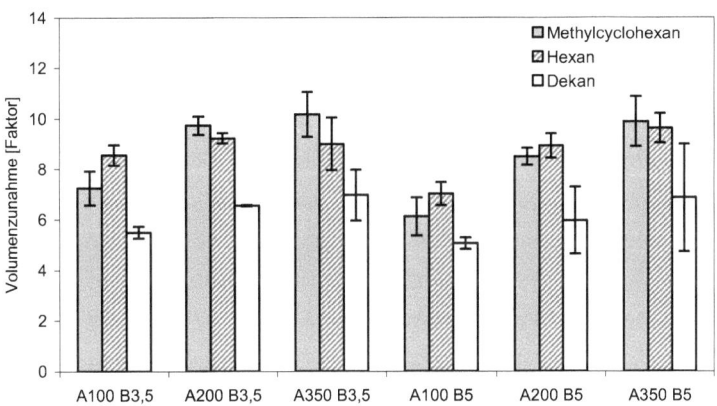

Abbildung 10: Volumenzunahme unterschiedlicher Silicone (A100/B3,5, A200/B3,5, A350/B3,5, A100/B5, A200/B5 und A350/B5) in den organischen Lösungsmitteln Methylcyclohexan, n-Hexan und Dekan.

Für einen Einsatz der Silicone als stabiles Beschichtungsmaterial von Novozym 435 bei der Emollientestersynthese, galt es ferner zu untersuchen, wie sich die Silicone in den für die Propyllauratsynthese notwendigen Substraten sowie dem Produkt verhalten. Abbildung 11 zeigt die Ergebnisse einer Reihenuntersuchung des Quellungsverhaltens der sechs verschiedenen Silicone A100/B5, A100/B3.5, A200/B5, A200/B3,5, A350/B5 und A350/B3,5 in den Substraten 1-Propanol bei RT und 60 °C, Laurinsäure bei 60 °C, und dem Produkt Propyllaurat bei RT und 60 °C. Dabei zeigt sich, dass die Siliconelastomere in Laurinsäure bei 60 °C und in 1-Propanol bei RT nicht quellen, aber bei erhöhter Temperatur von 60 °C in 1-Propanol bereits auf das 1,3 bis 1,4-fache Volumen quellen. Da der Schmelzpunkt von Laurinsäure bei ca. 45 °C liegt, konnte das Quellungsverhalten der Silicone in Laurinsäure bei RT nicht untersucht werden. In reiner Produktlösung, d.h. in Propyllaurat, wurden durchschnittlich 1,8- bis 2,4-fache quellungsbedingte Volumenzunahme bei RT bestimmt und bei 60 °C zwischen 2,5-fache und 3-fache Volumenzunahmen. Die größten Volumenzunahmen der Siliconelastomere traten in einem äquimolaren Gemisch aus Laurinsäure, 1-Propanol und Propyllaurat auf und lagen bei RT im Bereich des 2,4 bis 2,8-fachen und bei 60 °C im Bereich des 2,4 bis 3,5-fachen Volumens. Scheinbar hat die Temperatur einen maßgeblichen Einfluss auf das Quellungsverhalten der Silicone und sollte mit Hinblick auf die bei der industriellen biokatalytischen Estersynthese üblichen Reaktionstemperaturen von ca. 60-100 °C bei der Reaktorauslegung berücksichtigt werden. Zudem scheint es einen klaren Zusammenhang zwischen dem Grad der Quellung und der Polarität des Umgebungsmediums zu geben: In polaren Lösungsmitteln wie 1-Propanol, Laurinsäure oder Wasser konnte keine oder eine nur minimale Volumenzunahme beobachtet werden, wohingegen in dem apolaren Fettsäureester Propyllaurat der Quellungsgrad deutlich stärker ausgeprägt war. Auf Basis der hier verwendeten Methode zur Bestimmung des Quellungsverhaltens konnte keine Quellung des Novozym 435 in den Substraten und dem Produkt nachgewiesen werden. Darüber hinaus fallen auch hier, wie bereits bei den organischen Lösungsmitteln beobachtet, in der Tendenz deutliche Unterschiede im Quellungsverhalten der einzelnen Siliconelastomere untereinander auf: Während die Monomerkombination A100/B5 aufgrund der statistisch geringsten Maschenweite, bzw. höchsten Dichte an Quervernetzungen, auch tatsächlich die geringsten Volumenzunahmen zeigte, waren bei der Monomerkombination A350/B3,5 aufgrund der statistisch größten Maschenweite, bzw. der geringsten Dichte an Quervernetzungen auch tatsächlich die stärksten Volumenzunahmen zu verzeichnen.

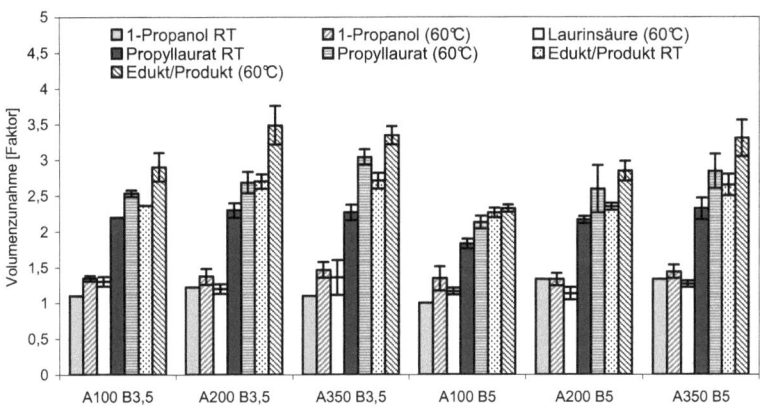

Abbildung 11: Quellungsindex unterschiedlicher Siliconelastomere in Substraten und Produkten der Standard-propyllauratsynthese bei Raumtemperatur (RT) und bei 60 °C.

3.1.2 Herstellung von siliconbeschichtetem Novozym 435 im Labormaßstab

Um den Einfluss unterschiedlicher Beschichtungsmengen und unterschiedlicher Zusammensetzungen der Siliconelastomere auf Eigenschaften von Novozym 435 wie Stabilität und Aktivität zu untersuchen, wurden eine ganze Reihe unterschiedlicher Varianten mit Silicon beschichteter Partikel hergestellt. Zur Beschichtung wurde eine definierte Menge Novozym 435 in eine Metallschale gefüllt und mit in Cyclohexan gelösten Monomermischungen, wie unter 2.2.1 beschrieben, vermengt und stark dispergiert. Dazu wurde die Metallschale mit dem Novozym 435-Monomergemisch auf einem Laborvortexer für etwa 20 min unter dem Abzug dispergiert und zusätzlich manuell mit einem Laborspatel durchmischt bis ein Grossteil des Cyclohexans evaporiert war. Anschließend wurden die Partikel entweder für 2-3 h bei 50 °C im Trockenschrank oder für 12 h bei Raumtemperatur zum Polymerisieren gelagert. Abbildung 12 illustriert das beschriebene Herstellungsverfahren im Labormaßstab. Diese Methode ist geeignet, um im Batchverfahren 5-10 g Novozym 435 mit Silicon zu beschichten. Zudem kommt es im Rahmen des Beschichtungsverfahrens zu keinen nennenswerten Verlusten an Silicon oder Novozym 435.

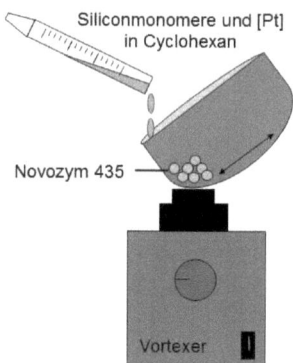

Abbildung 12: Methode zur Beschichtung von Novozym 435 mit Silicon im Labormaßstab ([Pt] = Karstedt-Katalysator).

Bei der Herstellung ist es für ein einheitliches Beschichtungsresultat besonders vorteilhaft, die beiden Monomerkomponenten vor der Zugabe zu den Novozym 435-Partikeln in dem 2-5-fachen Volumen Cyclohexan (alternativ auch Methylcyclohexan, n-Hexan oder Toluol) zu lösen, erst dann die notwendigen 10-50 ppm Karstedt-Katalysator [Burkhart et al., 2007] bezogen auf die Gesamtmasse im System befindlicher Siloxane hinzuzufügen und dieses Siloxan-Lösungsmittel-Gemisch 1-2 min erneut stark zu dispergieren. Um möglichst homogene Beschichtungsresultate zu erhalten und ein Agglomerieren zu verhindern, sollten die Partikel während des Abdampfens des Lösungsmittels durchgehend stark durchmischt werden [Thum et al., 2009]. Ein Agglomerieren der Partikel im Rahmen des Beschichtungsvorgangs tritt allerdings erst ab Zugabe von Siliconmengen >50 % (w/w) bezogen auf den Anteil Novozym 435 auf.

Ferner wurde gezeigt, dass die verwendeten Lösungsmittel keinen inaktivierenden Effekt auf die katalytische Aktivität von Novozym 435 haben. Dazu wurde Novozym 435 in unterschiedlichen Mengen reinen Lösungsmittels (Cyclohexan bzw. Methylcyclohexan) in den zur Beschichtung genutzten Metallschalen dispergiert, bis die Lösungsmittel rückstandsfrei evaporiert waren. Ein Vergleich der Aktivitäten in PLU und LU der so behandelten Novozym 435-Partikeln zeigte keine signifikanten Aktivitätseinbußen, sondern eher leichte Aktivitätssteigerungen um bis zu 20-30 % (PLU). Diese basieren vermutlich auf einer Auflockerung der Enzymschicht, die eine bessere Substratzugänglichkeit zu den aktiven Zentren der CALB ermöglicht, sowie auf dem Entzug von Wasser aus dem leicht hygroskopischen Träger, das bei der lösungsmittelfreien Propyllaurat-synthese thermodynamisch hinderlich wäre [Yahya et al., 1998]. Die zu Vergleichszwecken untersuchte Charge, die aus im Trockenschrank getrockneten Partikeln bestand, zeigte allerdings keine Aktivitätszunahmen. Gleichermaßen konnte gezeigt werden, dass die Inkubation von Novozym 435 bei Temperaturen von 50 °C für Zeiträume von bis 3 h, wie sie hier zum Trocknen der Immobilisate genutzt wurden, keinen quantifizierbaren Einfluss auf die Aktivitäten (PLU und LU) hat.

Die originäre Absicht dieses Verfahrens zur Stabilisierung von Novozym 435 mit Silicon lag darin, eine feine äußere membranartige Siliconschicht aufzutragen (vgl. Abbildung 9), die ein Desorbieren der adsorptiv gebundenen CALB vom Träger verhindert oder zumindest deutlich erschwert. Aufgrund der geringen Schichtdicken bei gezielt einstellbarer Maschenweite des Polymernetzwerkes war zu erwarten, dass eine nahezu freie Diffusion von Substrat- und Produktmolekülen durch die filigrane Siliconmembran möglich bleibt. Erste Beschichtungsversuche unter Verwendung sukzessive ansteigender Siliconmengen von 30, 40, 50 und 60 % (w/w) führten zur Bildung von Präparaten mit hohen Restaktivitäten und erhöhten Leachingstabilitäten, wie in den nachfolgenden Kapiteln eingehender beschrieben wird. Nichtsdestotrotz zeigten bereits einfache visuelle Untersuchungen der Präparate deutliche Unterschiede in der Partikelmorphologie. Wie aus Abbildung 13 entnommen werden kann, sah Novozym 435 mit 30 und 40 % Silicon genauso aus wie unbeschichtetes Novozym 435, wobei bei Novozym 435 mit 40 % bereits vereinzelte Partikel etwas dunkler wirkten, was den Eindruck erzeugte, als ob die Partikeloberfläche mit einer Flüssigkeit benetzt war. Bei der Novozym 435-Probe mit 50 % Silicon wiederum sieht bereits etwa die Hälfte der Partikel und bei Novozym 435 mit 60 % fast alle Partikel angefeuchtet aus. Zudem ist bei der Charge mit 60 % ein Großteil der Partikel zu Agglomeraten verklebt (vgl. Abbildung 13).

Abbildung 13: Novozym 435 und Novozym 435 mit 30, 40, 50 und 60 % Siliconanteil (A100/B5).

Ein erster Vergleich eines unbeschichteten Novozym 435-Partikels mit einem Novozym 435-Partikel mit 50 % Siliconanteil unter dem Rasterelektronenmikroskop offenbarte keine nennenswerten Unterschiede in der Oberflächenmorphologie (Abbildung 14). Auch hier war die erwartete äußere Siliconschicht nicht zu erkennen.

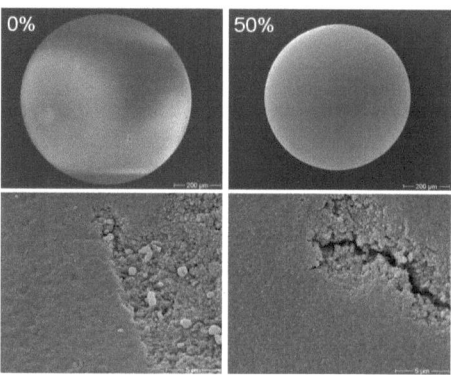

Abbildung 14: REM-Aufnahmen von Novozym 435 (links) und von Novozym 435 mit 50 % Siliconanteil (rechts), wobei die untere Bildreihe Ausschnittsvergrößerungen der Partikeloberflächen zeigen.

Nachfolgend sollte die Frage geklärt werden, was tatsächlich mit den Siliconen bei der Beschichtung passierte. Dazu wurde eine detaillierte chemo-physikalische Charakterisierung der Partikel durchgeführt, deren Ergebnisse im folgenden Kapitel beschrieben werden.

3.1.3 Charakterisierung der siliconbeschichteten Novozym 435-Partikel

3.1.3.1 Quellungsverhalten der siliconbeschichteten Novozym 435-Partikel

Es ist bekannt, dass Novozym 435 in 4-Methyloktansäure bzw. dessen Ethylester quellungsbedingt auf das 2-fache Volumen anschwillt [Heinsmann et al., 2003]. Aufgrund dessen erschien es wahrscheinlich, dass Novozym 435 ein ähnliches Verhalten in den zur Beschichtung verwendeten Lösungsmitteln wie Cyclohexan aufweist. Die Bestimmung des Quellungsgrades nach der in Kapitel 2.2.3 beschriebenen Methode zeigte keine signifikanten Volumenzunahmen in Cyclohexan. Erst der Vergleich von Novozym 435-Partikeln vor und nach Lagerung in Cyclohexan unter dem Lichtmikroskop zeigte, dass das Volumen von Novozym 435 lediglich geringfügig zunimmt. Abbildung 15 zeigt vergleichende lichtmikroskopische Aufnahmen eines Novozym 435-Partikels vor und nach 30 min Quellung in Cyclohexan. Die daraus unter Annahme einer idealen Kugel ermittelte Volumenzunahme betrug etwa 15 %.

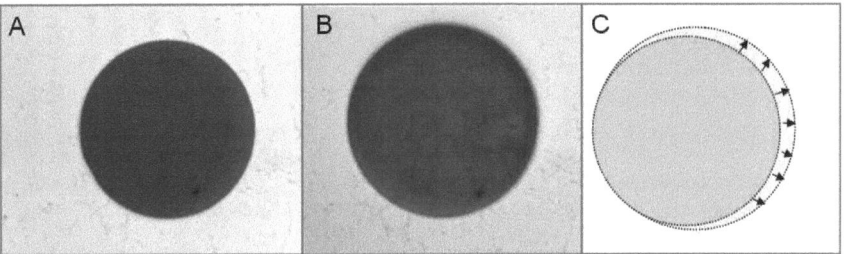

Abbildung 15: Quellungsverhalten von Novozym 435 in Cyclohexan. A: Lichtmikroskopische Aufnahme des Novozym 435-Partikels, B: Lichtmikroskopische Aufnahme des Novozym 435-Partikels in gequollenem Zustand (Cyclohexan), beide Vergrößerung 1:100, C) Illustration der geschätzten quellungsbedingten Volumenzunahme des Novozym 435-Partikels in Cyclohexan.

Der Quellungsgrad wurde zudem für einen Novozym 435-Partikel mit 54% Silicon (A100/B5) bestimmt und ergab eine deutliche Volumenzunahme um ca. 50% (Abbildung 16). Dieser Effekt war in Toluol noch stärker ausgeprägt (Daten nicht gezeigt), wurde aber im Rahmen dieser Arbeit nicht weiter untersucht. Inwiefern das Silicon die Quellfähigkeit des Novozym 435-Trägers erhöht, konnte an dieser Stelle nicht abschließend geklärt werden. Die lichtmikroskopischen Aufnahmen der siliconbeschichteten Partikel in Abbildung 16 lassen keine äußere Siliconschicht erkennen. Eine äußere Siliconschicht im gequollenen Zustand wäre aufgrund ihrer semitransparenten Eigenschaften wahrscheinlich gut zu erkennen gewesen und hätte sich deutlich vom intransparenten dunklen PMMA-Träger abgehoben. Eine logische Ursache für die beobachtete starke Volumenzunahme des siliconbeschichteten Partikels wäre es, wenn eine außen aufgebrachte Siliconschicht stark quellen würde. Dies scheint hier aber nicht die Erklärung für die nachgewiesen Volumenzunahme zu sein. Es ist zu vermuten, dass das Silicon bei der Beschichtung in den Partikel eindringt und aufgrund unbekannter Wechselwirkungen mit dem PMMA-Träger das Quellungsverhalten beeinflusst. Dieses Verhalten ist hinsichtlich der Bestückung von Reaktoren, speziell in apolaren Substraten oder organischen Lösungsmitteln, genau zu berücksichtigen und sollte zukünftig eingehender untersucht werden.

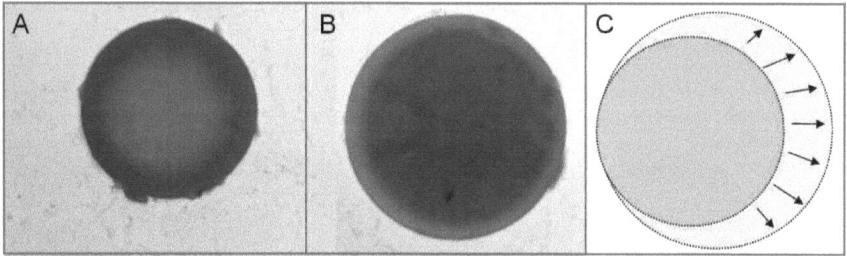

Abbildung 16: Quellungsverhalten von siliconbeschichtetem Novozym 435 in Cyclohexan. A: Lichtmikroskopische Aufnahme des Novozym 435-Partikels mit 54 % Silicon (A100/B5), B: Lichtmikroskopische Aufnahme des Novozym 435-Partikels in gequollenem Zustand (Cyclohexan), beide Vergrößerungen 1:100, C) Illustration der geschätzten quellungsbedingten Volumenzunahme des Novozym 435-Partikels in Cyclohexan.

3.1.3.2 Energiedispersive Röntgenspektroskopie (EDX)

Wie bereits aus den REM-Aufnahmen in Abbildung 14 (in Kapitel 3.1.2) ersichtlich wurde, bestehen kaum nennenswerte Unterschiede in der Oberflächenmorphologie von Novozym 435 und Novozym 435 mit 50 % Silicon. Die erwartete Ausbildung einer externen Siliconschicht auf der Trägeroberfläche konnte also auf diese Weise nicht direkt nachgewiesen werden. Alternativ wurde sog. EDX-Messungen durchgeführt. Die EDX-Methode ermöglicht die ortsaufgelöste Analyse der Elementzusammensetzung kleinster Proben unter dem Rasterelektronenmikroskop und nutzt dazu den Effekt, dass Elemente aufgrund ihres spezifischen Schalenaufbaus charakteristische Röntgenstrahlung emittieren. Darüber hinaus kann über die Signalintensität auch auf die Häufigkeit des entsprechenden Elements geschlossen werden. Es wurden EDX-Element-Mappings an nativen und siliconbeschichteten Novozym 435-Partikeln durchgeführt, um zu klären, wo das hinzugefügte Silicon genau aufgebracht wurde bzw. ob und wie tief es in den porösen Träger eingedrungen ist. Um zu verhindern, dass während der Probenpräparation Siliconrückstände von der Partikeloberfläche bzw. vom peripheren Partikelbereich beim Schneiden über den Querschnitt verteilt werden und so die Ergebnisse verfälschen, wurden die Partikel in flüssigem Stickstoff schockgefroren und in einem Mörser durch Anlegen von Druck zerbrochen. Partikel mit ebenen Bruchkanten wurden mit der Lupe ausgewählt, mit Kohlenstoff bedampft, dann auf dem Probenteller fixiert und unter Verwendung eines Rasterelektronenmikroskops (Hitachi S-2700) mit angeschlossenem EDX-Sensor (Röntec-XFlash) analysiert. Die Bestimmung der Verteilung von Silizium (Si), dem Hauptelement des Siliconpolymers, im Partikel mittels EDX-Element-Mapping zeigte deutlich, dass das Silicon nicht, wie eingangs erwartet, als äußere Schicht aufgebracht wurde, sondern überraschenderweise vollständig in den Träger eindrang und diesen anscheinend gleichmäßig mit Silicon auffüllte. Exemplarisch ist dieses Verhalten in Abbildung 17 gezeigt, wobei die Siliconverteilung im Trägerquerschnitt von Novozym 435 mit 55 % Silicon als Falschfarbenbild (Si = grün) dargestellt ist.

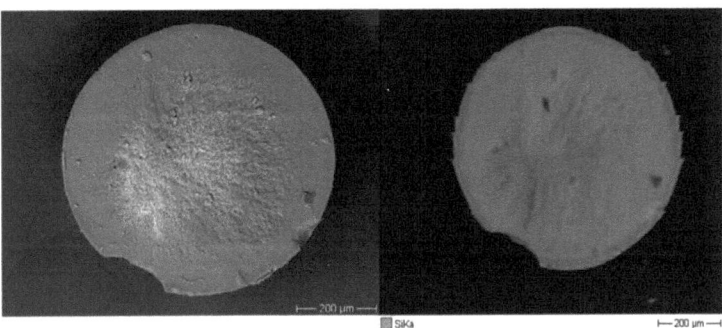

Abbildung 17: (links) REM-Aufnahme einer ebenen Bruchkante eines siliconbeschichteten Novozym 435-Partikels (55 % Siliconanteil, A100/B5), (rechts) Falschfarbenbild desselben Partikels nach EDX-Scan, wobei die Farbe grün die Elementverteilung für Si (und damit Silicon) im Partikel darstellt [Wiemann et al., 2009 b].

Vergleichbar homogene Siliconverteilungen im Trägerquerschnitt konnten zudem bereits bei geringeren Siliconanteilen von 30 und 40 % nachgewiesen werden (Daten nicht gezeigt). Die Siliconmonomere scheinen demnach ungehindert das gesamte Porenvolumen des makroporösen Trägers zu durchdringen und diesen gleichmäßig mit Silicon auszufüllen. Die Gegenprobe mit Novozym 435 ohne Silicon zeigte erwartungsgemäß kein Si-Signal, da weder der PMMA-Träger noch das adsorptiv gebundene Enzym über Si-Funktionalitäten verfügen.

Ein wiederholter ortsaufgelöster und sensitiverer EDX-Scan auf Si (und damit Silicon) in der Partikelmitte und am äußeren Partikelrand eines mit siliconbeschichteten Novozym 435-Partikels (55 % Siliconanteil, A100/B5) zeigte ebenfalls keine signifikanten Unterschiede in der Si-Signalstärke (s. Abbildung 18) und bestätigt die Annahme, dass sich das Siliconpolymer gleichmäßig im porösen Träger verteilt anstatt eine äußere Siliconschicht zu bilden. Demzufolge ist davon auszugehen, dass es sich bei den siliconbeschichteten Novozym 435-Partikeln vielmehr um Kompositpartikel, als um eine Kombination von Kernpartikeln („core") mit außen aufgebrachter Siliconschicht („shell"), handelt. Komposite sind als Materialien definiert, die sich aus mehreren in unterschiedlichen Phasen befindlichen Komponenten zusammensetzen. Nach Klassifizierung von Nielsen und Landel (1994) müsste es sich bei den siliconbeschichteten Novozym 435-Partikeln um

„skeletal or interpenetrating network composites (INC)" handeln, da sie definitionsgemäß aus zwei unterschiedlichen kontinuierlichen Phasen (PMMA-Träger und Silicon) bestehen.

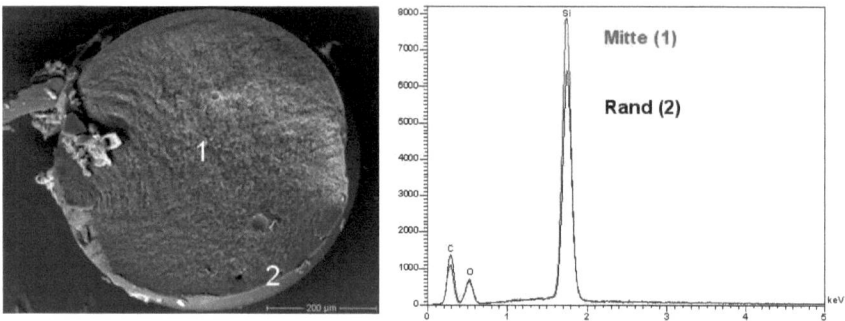

Abbildung 18: Vergleich zweier EDX-Scans auf Si (= Silicon) eines siliconbeschichteten Novozym 435-Partikels (55 % Siliconanteil, A100/B5) in der Partikelmitte (1) und am äußeren Partikelrand (2) [Wiemann *et al.*, 2009 a].

Die Beobachtung, dass die in Cyclohexan gelösten Siliconmonomere sowie die bereits nach Zugabe des Karstedt-Katalysators durch Polymerisation wachsenden Siliconoligomere ungehindert das interne Porennetzwerk des makroporösen Trägers durchdringen hätten bei genauerer Betrachtung durchaus erwartet werden können. So berichteten Mei *et al.* (2003), dass selbst deutlich größere Moleküle in organischen Lösungsmitteln ebenfalls ungehindert durch den unbeladenen Originalträger von Novozym 435, das Lewatit VP OC 1600 (Lanxess, Bayer), aber auch durch das proteinbeladene Novozym 435 diffundieren, was am Beispiel von in Toluol gelöstem Polystyrol (46 kDa) demonstriert werden konnte. Scheinbar ist das Eindringen der Silicone in den Träger auch der Grund für das veränderte Quellungsverhalten siliconbeschichteter Novozym 435-Partikel (vgl. Kapitel 3.2.3.2). Es ist möglich, dass der stark hydrophobe Siliconanteil dazu führt, dass das hydrophobe Cyclohexan mit größerer Affinität ins Partikelinnere einströmt und das Quellen der Siliconphase auch den PMMA-Träger ausdehnt.

3.1.3.3 Spezifische Oberfläche und Porenvolumen

Das im Kapitel zuvor beschriebene sukzessive Auffüllen der Poren bzw. des Porenvolumens von Novozym 435 mit Silicon sollte erwartungsgemäß entsprechend deutliche Abnahmen der spezifischen Partikeloberfläche und der Porosität nach sich ziehen. Zum Nachweis wurden BET- und Hg-Intrusionsmessungen durchgeführt. BET-Messungen ermöglichen die Bestimmung spezifischer Oberflächen von Festkörpern und insbesondere von porösen Partikeln mittels

Gasadsorption [Brunauer *et al.*, 1938]. Die Bezeichnung BET bezieht sich dabei auf die Familiennamen der Entwickler des BET-Modells, Brunauer, Emmett und Teller. Die Ergebnisse der BET-Messung von Novozym 435 und Novozym 435 mit 30 und 60 % Silicon (A100/B5) sind in Tabelle 6 aufgeführt. Die spezifische Oberfläche von Novozym 435 lag demnach bei 89 m^2/g und entspricht damit in etwa den Ergebnissen von Kirk und Christensen (2002), die eine durchschnittliche spezifische Oberfläche von 80 m^2/g bestimmt haben. Da es sich bei Novozym 435 um ein Präparat mit polydisperser Größenverteilung handelt, sind solche Abweichungen von Charge zu Charge in Abhängigkeit der jeweiligen Korngrößenverteilung durchaus möglich. Nach Beladen mit 30 % Silicon sank die durchschnittliche spezifische Oberfläche bereits um 76,4 % auf 21 m^2/g und bei 60 % Silicon um insgesamt 99,8 % auf 0,2 m^2/g.

Die Quecksilber- bzw. Hg-Intrusionsmessung wurde zur Bestimmung der Porosität der Partikel verwendet. Dabei werden die Poren nach der Nomenklatur der IUPAC (*International Union of Pure and Applied Chemistry*) anhand ihrer durchschnittlichen Größe in Mikro- (<2 nm), Meso- (2-50 nm) und Makroporen (>50 nm) unterschieden, wobei die Entfernung zwischen zwei gegenüberliegenden Porenwänden gemessen wird [Rouquerol *et al.*, 1994]. Die Ergebnisse der Porositätsmessungen sind ebenfalls Tabelle 6 zu entnehmen. Mikroporen konnten weder bei Novozym 435 noch bei siliconbeschichtetem Novozym 435 detektiert werden, Mesoporen konnten bedingt in Novozym 435 nachgewiesen werden, aber nicht für siliconbeschichtete Partikel. Auch das Volumen der Makroporen war bei Partikeln mit 60 % Silicon zum größten Teil verschwunden. Dies bedeutet, dass das Silicon das gesamte Porenvolumen inklusive aller Meso- und Makroporen vollständig aufgefüllt hat. Diese Ergebnisse können als weitere Bestätigung für die Vermutung angesehen werden, dass es sich beim siliconbeschichteten Novozym 435 um ein *INC* handelt (vgl. Kapitel 3.1.3.2).

Tabelle 6: Partikeleigenschaften und spezifische Partikeloberfläche von Novozym 435 und Novozym 435 mit 30 und 60 % (w/w) Silicon (A100/B5).

Novozym 435	Spezifische Oberfläche [m²/g]	Mesoporen (Volumen) [mL/g]		Makroporen (Volumen) [mL/g]			
		D=2-30 [nm]	D=2-50 [nm]	D≥4 [nm]	D≥30 [nm]	D≥50 [nm]	D≥10 [µm]
Ohne Silicon	89 ± 2	0.25 ± 0.02	0.5 ± 0.03	1.89 ± 0.1	1.65 ± 0.1	1.5 ± 0.1	1.0 ± 0.06
mit 30 % (w/w) Silicon	21 ± 1	n. b..	n. b.	n. b.	n. b.	n. b.	n. b.
mit 60 % (w/w) Silicon	0.2	keine	keine	0.22 ± 0.01		0.11 ± 0.01	

[D = Durchmesser, n.b. = nicht bestimmt]

3.1.3.4 Vorgang des Auffüllens der Novozym 435-Partikel mit Silicon auf Porenebene

Das Auffüllen der Poren im Novozym 435-Träger mit Silicon (A100/B5) auf Ebene der Makroporen wurde mittels Transmissionselektronenmikroskopie (TEM) am Beispiel eines partiell mit Silicon gefüllten Partikels (30 % Siliconanteil) untersucht. Dazu wurden wie in Kapitel 2.2.8 beschrieben Querschnitte der Novozym 435-Partikel als Kryo-Dünnschnitte angefertigt, am TEM nach Proben mit deutlich erkennbaren Makroporen (ca. 100-150 nm) gesucht und diese dann für hoch aufgelöste TEM-EDX-Linienanalysen eingesetzt. In Abbildung 19 sind deutlich zwei Makroporen (hellere runde Bereiche in der Mitte der Abbildung, 100-150 nm im Durchmesser) zu erkennen. Die Größe der Makroporen von Novozym 435 entspricht damit den in der Literatur beschriebenen Angaben [Gross *et al.*, 2001; Mei *et al.*, 2003]. Wie die ortsaufgelöste TEM-EDX-Linienanalyse über die Querschnitte der beiden Poren zeigt, ist das Silicon gleichmäßig über die kreisförmige Porenoberfläche verteilt, wohingegen die Porenmitten (Porengang) frei von Silicon blieben, d.h. hier konnte kein Si-Signal detektiert werden.

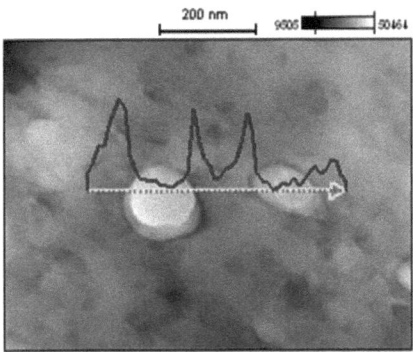

Abbildung 19: TEM-EDX Linienanalyse eines siliconbeschichteten Novozym 435 -Partikelquerschnitts (30 % Silicon) als Kryo-Dünnschnitt. Der Verlauf der Linie über dem Pfeil indiziert die ortsabhängige Elementverteilung von Silicon über der Partikelquerschnittsfläche mit zwei Poren (heller Bereich). Die Peakhöhe korreliert mit der Siliconmenge [Wiemann et al., 2009 b].

Zum besseren Verständnis der Abbildung 19 sei darauf hingewiesen, dass die Linie über dem Pfeil ortsaufgelöst die Si-Konzentration indiziert, wobei die Peakhöhe die Stärke des Si-Signals wiedergibt und der Pfeil mit Punkten die Basislinie darstellt. Eine Wiederholung der Linienanalysen an Poren vergleichbarer Größe in Novozym 435 mit 55 % Silicon zeigte, dass hier die gesamten Poren gleichmäßig mit Silicon gefüllt wurden. Zudem wurden diese Messungen an verschiedenen Stellen im Trägerquerschnitt (bspw. im inneren und im peripheren Bereich) mit entsprechenden Resultaten wiederholt (Daten nicht gezeigt). Die Ergebnisse der REM-EDX-Scans und der TEM-EDX-Linienanalysen deuten darauf hin, dass die Silicone im Rahmen des Beschichtungsprozesses widerstandsfrei in das Partikelinnere eindringen und eine homogene Benetzung der vollständigen Partikeloberfläche des gesamten Porenvolumens bedingen. Dieser Effekt wird mit großer Wahrscheinlichkeit dadurch begünstigt, dass die Oberfläche des PMMA-Trägermaterials stark hydrophob ist und die eindringenden Silicone ebenfalls stark hydrophob sind. Verstärkt wird dieser Effekt durch die mit 16-21 mN/m extrem niedrigen Oberflächenspannungen der Silicone [Deng et al., 2007]. Dadurch sind potentielle Wechselwirkungen zwischen Oberfläche und Silicon auf ein absolutes Minimum reduziert und ermöglichen ein schnelles und vollständiges Durchdringen des gesamten Porenvolumens. Dieser Effekt wird noch zusätzlich durch das Vorhandensein des organischen Lösungsmittels Cyclohexan, in dem die Siloxanmonomere gelöst vorliegen, verstärkt. Zudem kommt es nach dem Verdampfen der Lösungsmittelkomponente zum sofortigen Spreiten der Silicone auf der hydrophoben Trägeroberfläche. Als Spreiten wird in diesem Zusammenhang das spontane Ausbreiten von Tropfen auf Oberflächen bezeichnet. Dieser Effekt wird beim Silicon durch die bereits erwähnte geringe Oberflächenspannung extrem beschleunigt. Der hypothetische

Vorgang der Siliconbeschichtung auf Ebene der Makroporen ist in Abbildung 20 für Novozym 435-Partikel mit 30 und 55 % Silicon illustriert. Erst wenn bei Siliconanteilen von >54 % das gesamte Porenvolumen des Partikels vollständig mit Silicon aufgefüllt wurde, kann es zur Ausbildung einer feinen äußeren Siliconschicht kommen. Diese Vermutung konnte durch weitere Experimente (siehe Kapitel 3.1.4) bestätigt werden.

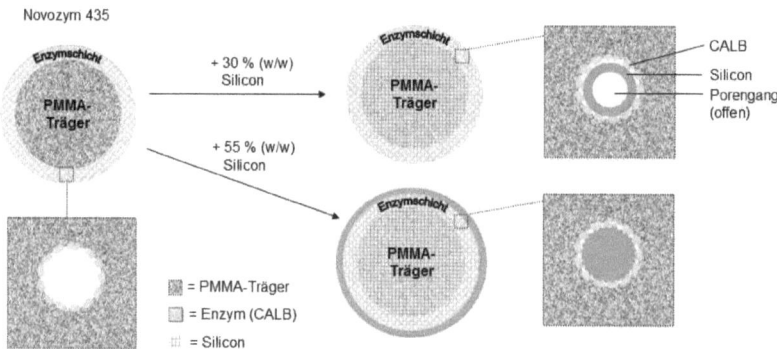

Abbildung 20: Illustrativer Prozess des Beladen des Novozym 435-Trägers mit 30 und 55 % Silicon [nach Wiemann *et al.*, 2009 b]; CALB = *Candida antarctica* Lipase B; PMMA = Polymethylmethacrylat.

3.1.3.5 Einfluss der Beschichtung auf die Lage der Enzymschicht im Träger

Durch die bisherigen Partikelcharakterisierungen konnte nicht geklärt werden, ob der Beschichtungsvorgang einen Einfluss auf die Lage der Enzymschicht im Partikel ausübte. Es wäre bspw. denkbar, dass das Gemisch aus Lösungsmittel und Siloxanmonomeren beim Durchdringen des Porennetzwerkes Enzyme von der Porenoberfläche löst und diese dann tiefer in den Partikel schwemmt. Um diese Frage zu klären wurde nach geeigneten Messmethoden gesucht. Wie eingangs erwähnt konnten Mei *et al.* (2003) unter Verwendung Synchroton-verstärkter FTIR-Messungen zeigen, dass die Enzymschicht von Novozym 435 ausschließlich im peripheren Trägerbreich lokalisiert ist und eine Eindringtiefe von ca. 100 μm erreicht. ATR-FTIR-Messungen ohne Synchrotonverstärkung schienen aufgrund ungenügender Signalstärke und wahrscheinlicher Überlagerungseffekte durch das Silicon nicht geeignet, um die genaue Lage der Enzyme im siliconbeschichteten Träger zu bestimmen. Allerdings zeigten einfache lichtmikroskopische Aufnahmen von Novozym 435 und siliconbeschichteten Novozym 435 nach Quellung in Toluol die ungefähre Lage des Enzyms (Abbildung 21). Der Quellungsvorgang in Toluol führte dazu, dass die

Novozym 435-Partikel transparent wurden. Der quellungsbedingte Übergang von einem intransparenten in einen transparenten Zustand wurde bereits von Heinsmann *et al.* (2003) für Novozym 435 nach Quellung in 4-Methyl-oktansäure beschrieben. Es ist sehr wahrscheinlich, dass die Enzymschicht aufgrund unterschiedlicher Brechungsindices des unbeladenen PMMA-Trägers und des PMMA-Trägers mit adsorbierten Enzym (und ggf. Rückständen von herstellungsbedingten Puffersalzen) unter diesen Umständen zu erkennen sind. Beim Vergleich der so sichtbar gemachten Enzymschichten vor (Abbildung 21/A) und nach Beschichtung mit Silicon (Abbildung 21/B) fallen keine Unterschiede auf. Offensichtlich hat die transparente Siliconschicht, die in Abbildung 21/B deutlich als Rückstand zu erkennen ist, keinen Effekt auf das zuvor beschriebene Brechungsphänomen. In beiden Fällen sind Enzymschichten mit durchschnittlichen Dicken von 20-30 µm zu erkennen. Es ist demnach davon auszugehen, dass die Lage der Enzymschicht durch den Beschichtungsvorgang und den direkten Kontakt mit dem Siloxan-Lösungsmittel-Gemisch nicht verändert wurde. Die Aufnahmen wurden in den Laboren der Evonik Goldschmidt GmbH (Essen) angefertigt und freundlicher Weise für die Nutzung in dieser Arbeit bereitgestellt.

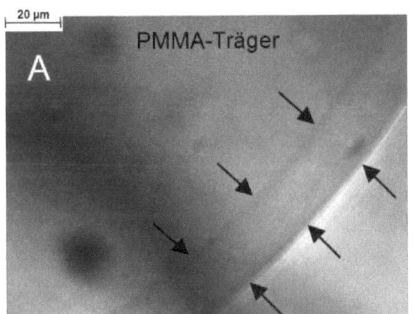 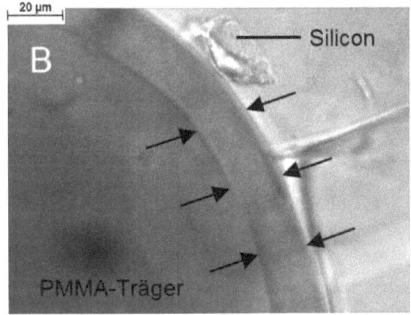

Abbildung 21: Lichtmikroskopische Aufnahmen von Novozym 435 nach Quellung in Toluol; A: Novozym 435 ohne Silicon, B Novozym 435 mit 55 % Silicon (A100/B5) [PMMA = Polymethylmethacrylat; schwarze Pfeile indizieren die Lage der Enzymschicht].

Dieses Ergebnis konnte zudem durch Langzeit-EDX-Scans auf Schwefel im Partikelquerschnitt auf qualitativer Ebene bestätigt werden (Daten nicht gezeigt). Schwefel ist dabei als direkter Nachweis der Enzymschicht zu verstehen, da die CALB mit fünf Cysteinresten und drei Methioninresten insgesamt acht schwefelhaltige Aminosäurereste besitzt [Vecchio *et al.*, 1999] und der poröse Träger sowie das Silicon schwefelfrei sind. Der direkte Nachweis von Stickstoff (N), als

Hauptelement in Proteinen, war aufgrund der geringen Elektronendichte und der starken Ähnlichkeit des zum Besputtern eingesetzten Kohlenstoffs nicht möglich.

Aufgrund der geringen Aussagekraft der lichtmikroskopischen Untersuchungen und geringen Auflösung der EDX-Scans auf Stickstoff und Schwefel als mögliche Indikatoren für die CALB wurden Probenquerschnitte von Novozym 435-Partikeln mit 30 % Siliconanteil mit hochreaktivem OsO_4 behandelt. Das OsO_4 bindet hauptsächlich an die zugänglichen Aminosäurereste von Proteinen, vorzugsweise an aromatische Reste, und verstärkt über die hohe Schalen- und Elektronendichte des Osmiums das EDX-Signal um ein Vielfaches. Nicht gebundenes OsO_4 wurde nach kurzer Inkubationszeit möglichst rückstandsfrei entfernt. Entsprechend gut erkennbar ist die periphere Lage der Enzymschicht in den EDX-Scans auf Os an den Partikelquerschnitten, wie sie in der Abbildung 22 gezeigt sind. Die Enzymschicht erscheint dabei als hellerer Bereich und indiziert die Bereiche im Trägerquerschnitt, in denen das Osmium an die CALB gebunden hat. Dabei fällt auf, dass es bei den Partikeln unterschiedliche Enzymschichtdicken gibt, die, wie bereits in den lichtmikroskopischen Aufnahmen angedeutet, von minimal 20-30 µm bis maximal 100 µm variieren können. Zudem scheint die Intensität der Signalstärke mit zunehmender Eindringtiefe leicht abzunehmen, was auf einen Gradienten hinsichtlich der Enzymverteilung schließen lässt. Indirekt konnte dieses Resultat auch von Mei *et al.* (2003) bestätigt werden – das Beladen des leeren Novozym 435-Trägers VP OC 1600 (Lewatit, Lanxess) mit der CALB führt, je nach Inkubationsdauer zu unterschiedlichen Eindringtiefen der Enzyme und entsprechend zu unterschiedlichen Schichtdicken. Ein Vergleich von mit OsO_4 behandelten Novozym 435-Partikeln vor und nach Beschichtung mit Silicon zeigten keine signifikanten Unterschiede in der jeweiligen Enzymschichtdicke.

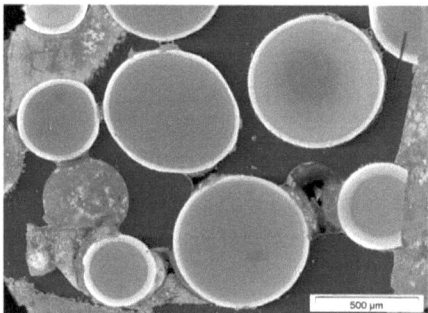

Abbildung 22: EDX-Scans an Querschnitten von Novozym 435 mit 30 % Silicon nach Behandlung mit OsO_4 (Weiße Partikelränder = Os = Enzym) [Wiemann *et al.*, 2009 b].

3.1.4 Optimierung der Silicon-Polymere und der Beschichtungsmengen

Die Ergebnisse der Partikelcharakterisierung aus Kapitel 3.1.3 ließen vermuten, dass es bei Novozym 435 im Bereich zwischen 50-60 % Siliconanteil zur Ausbildung einer äußeren Siliconschicht kommt. Die Bildung einer den gesamten Partikel überziehenden Siliconschicht könnte als Diffusionsbarriere einen negativen Einfluss auf die Aktivität der Immobilisate haben. Andererseits könnte eine solche Siliconschicht aber einen stabilisierenden Effekt auf das *Enzymleaching* sowie die strukturelle Trägerintegrität von Novozym 435 haben. Aufgrund dessen wurden Novozym 435-Partikel mit 50, 52, 54, 56, 58 und 60 % Silicon hergestellt. Abbildung 23 zeigt REM-Oberflächenaufnahmen der Reihe siliconbeschichteter Novozym 435-Partikel von 50 bis 58 % bei 110-130-facher Vergrößerung. Darauf ist zu erkennen, dass Partikel mit 50, aber auch 52 % kaum von unbeschichteten Partikeln zu unterscheiden sind. Auch die Ausschnittsvergrößerungen der Partikeloberfläche weisen Unebenheiten und Inhomogenitäten auf, die denen unbeschichteter Partikel stark ähneln. Erst bei 54 % Siliconanteil verändern die Partikel ihre Oberflächenbeschaffenheit. Hier ist klar zu erkennen, dass sich eine Siliconschicht an der Oberfläche der Partikel ausgebildet hat. Dies ist ebenfalls in der Ausschnittsvergrößerung bei ca. 6000-facher Vergrößerung zu erkennen, die im Vergleich zu unbeschichtetem Novozym 435 eine homogenere Oberflächenstruktur ohne Poren oder andere Unregelmäßigkeiten aufweist. Partikel mit 56 und 58 % Siliconanteil weisen bereits eine dickere Siliconschicht mit noch feinerer und porenfreierer Oberflächenstruktur auf, wobei es durch überschüssiges Silicon durch Bildung von „Auswüchsen" zu Unebenheiten kommt. Zudem sind aufgrund eines leichten Siliconüberschusses bereits vereinzelt Siliconverbindungen mit benachbarten Partikeln zu erkennen, die so kleinere Agglomerate ausbilden.

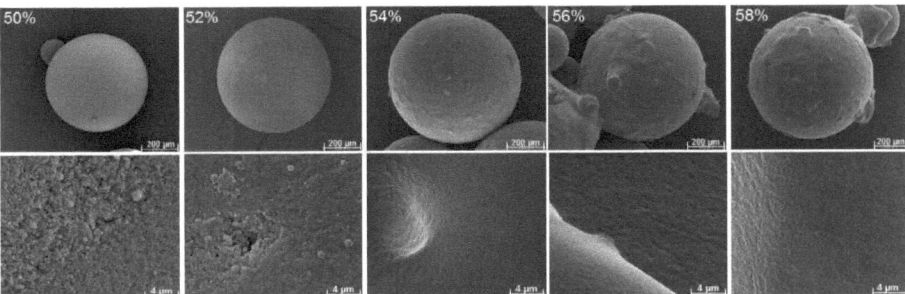

Abbildung 23: REM-Oberflächenaufnahmen bei 110-130-facher Vergrößerung (obere Reihe) und Ausschnittsvergrößerungen bei ca. 6000-facher Vergrößerung (untere Reihe) von Novozym 435 mit 50, 52, 54, 56 und 58 % Silicon.

Abbildung 24 zeigt, dass bereits bei 60 % Siliconanteil ein Großteil der Partikel miteinander verklebt und Agglomerate von bis zu 30 Partikeln bildet. Dies ist hinsichtlich eines Einsatzes in Reaktortypen wie Festbett, Blasensäule oder STR aus mehrerlei Gründen nachteilig. Generell bietet eine Kugelform ideale geometrische Vorraussetzungen für den Einsatz in Reaktoren mit hohen Leistungseinträgen, da sie im Verhältnis zum Volumen die geringste Angriffsoberfläche bietet [Prüße, 2000]. Die Partikelagglomerate dagegen verfügen über eine denkbar ungünstige Form und Struktur. In der Blasensäule und im STR sind die Leistungseinträge und die mechanischen Belastungen so groß, dass davon auszugehen ist, dass die Agglomerate innerhalb kurzer Zeitintervalle zerfallen, und dabei Siliconrückstände von den Partikeloberflächen abgelöst werden. Diese verringerten unnötig die Produktqualität und zögen kostenverursachende Aufreinigungs- schritte nach sich. Ein Abreißen der Siliconschicht könnte außerdem die erwünschte Schutzfunktion beeinträchtigen. Ganz allgemein bedingt das Agglomerieren der Partikel zudem verschlechterte Massentransferbedingungen für Substrat und Produkt, was sich in verringerten Aktivitäten dieser Präparate äußert (vgl. 3.1.5). Ein weiterer Nachteil ist die schlechte Handhabung der agglomerierten Partikel, da diese eine hohe Affinität haben, aneinander und an Oberflächen haften zu bleiben. In Festbettreaktoren eingesetzt, würden diese Agglomerate die Gefahr des Verstopfens begünstigen, die nur in Verbindung mit großem Aufwand (bspw. durch Gegenpumpen) wieder behoben werden könnte. Aufgrund dieser zahlreichen Nachteile scheint es empfehlenswert Novozym 435 mit Siliconanteilen von weniger als 56 % aber aufgrund der hohen Stabilitäten mit mehr als 52 % Silicon zu beschichten.

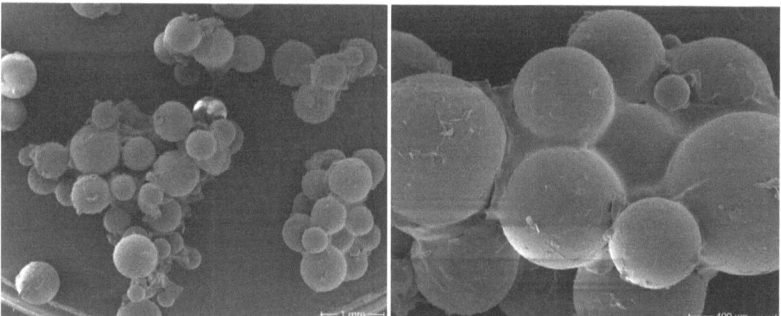

Abbildung 24: REM-Aufnahmen siliconbeschichteter Novozym 435-Partikel-Agglomerate nach Beschichtung mit 60 % Silicon (A100, B5) [Wiemann *et al.*, 2009 b].

3.1.5 Aktivitäten siliconbeschichteter Novozym 435-Partikel

Als wichtige Kenngröße zur Beurteilung der Eignung von siliconbeschichtetem Novozym 435 für die technische Estersynthese gilt insbesondere die katalytische Aktivität des neuen Biokatalysators. Eine ausreichende katalytische Aktivität der Präparate ist absolut notwendig, um auf technischem Maßstab wirtschaftlich eingesetzt werden zu können. In diesem Kapitel werden die siliconbeschichteten Partikel in Abhängigkeit unterschiedlicher Siliconbeschichtungsmengen auf unterschiedliche Aktivitäten untersucht. Dazu zählen neben der Referenzreaktion zur lösungsmittelfreien Herstellung von Emollientestern, angegeben in Propyllaurat *Units* (PLU), auch die Syntheseaktivität im organischem Lösungsmittel und die hydrolytische Aktivität in einem wässrigen Puffersystem.

3.1.5.1 Hydrolytische Aktivität (Lipase *Units*)

Der Standardtest zur Bestimmung der hydrolytischen Aktivität von Lipasen ist die Spaltung des apolaren Substrates Tributyrin in die Produkte Buttersäure und Glycerin in einem wässrigen 2-Phasensystem bei Raumtemperatur (Abbildung 25), wobei die Aktivität in Lipase *Units* (LU) angegeben wird.

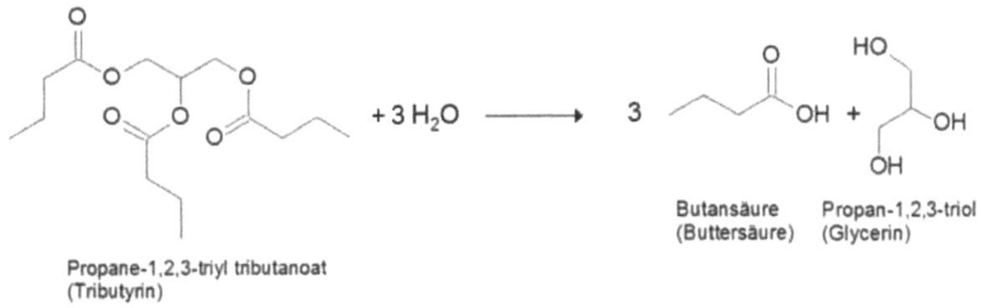

Abbildung 25: Lipase-katalysierte Hydrolyse von Tributyrin.

Das unbeschichtete Novozym 435 hatte unter diesen Bedingungen eine hydrolytische Aktivität von 0,6 (± 0,1) U/mg$_{Immob}$. Der relativ große Fehler von 17 % basiert vermutlich auf der schlechten Mischbarkeit der hydrophoben Novozym 435-Partikel in der wässrigen Puffer-phase. Dies führte dazu, dass Partikel an der Grenzfläche Luft/Wasser aufschwammen oder an pH-Elektrode und Innenwandung der Reaktionsgefäße haften blieben und deshalb der Reaktion zwischenzeitlich entzogen wurden. Dieser Effekt war bei siliconbeschichteten Partikeln teilweise noch stärker ausgeprägt.

Der Einfluss der Siliconbeschichtung auf die hydrolytische Aktivität wurde an Partikeln mit 30, 40, 50 und 60 % Silicon untersucht. Zudem wurden alle sechs möglichen Monomerkombinationen verwendet. Abbildung 26 zeigt die Zusammenstellung der hydrolytischen Aktivitäten der siliconbeschichteten Immobilisate in LU/mg$_{Immob.}$. Um auszuschließen, dass hier der herstellungsbedingte Kontakt mit Methylcyclohexan beim Beschichtungsvorgang zu einer Inaktivierung der adsorbierten Lipase führt, wurde in einem Vergleichsansatz Novozym 435 mit Cyclohexan in Kontakt gebracht und nach vollständigem Abdampfen des Cyclohexans die Aktivität in Lipase *Units* bestimmt. Überraschenderweise lagen die Aktivitäten nach dieser Behandlung mit 0,95 (± 0,22) U/mg 60 % höher als die des nativen Präparats (0,6 LU/mg). Vermutlich bedingt das Cyclohexan eine Auflockerung der äußeren Enzymschicht, die dadurch besser für die Substratmoleküle zugänglich wird.

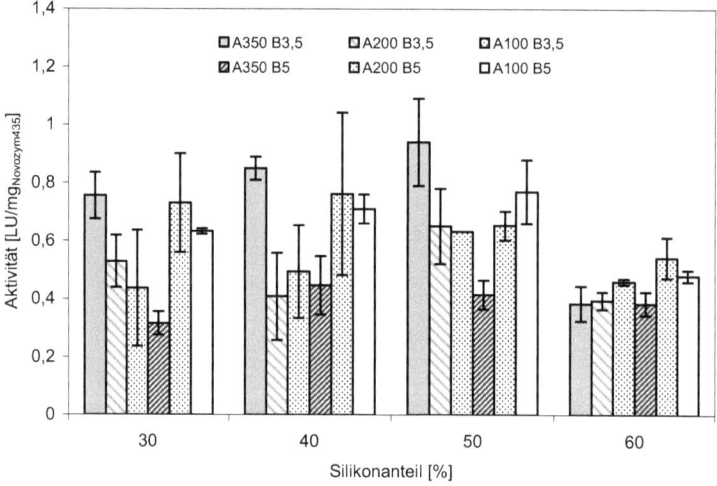

Abbildung 26: Hydrolytische Aktivitäten siliconbeschichteter Novozym 435-Partikel in Lipase *Units* (LU).

Abbildung 26 zeigt die hydrolytischen Aktivitäten von Novozym 435 mit 30, 40, 50 und 60 % Silicon für die Silicone A100/B3,5, A100/B5, A200/B3,5, A200/B5, A350/B3,5 und A350/B5. Dabei weisen die ermittelten Aktivitäten mitunter starke Schwankungen auf. Signifikante Aktivitätsunterschiede in Abhängigkeit der unterschiedlichen Siliconsysteme konnten nicht nachgewiesen werden und liegen innerhalb der großen Messfehler. Insgesamt liegen die Aktivitäten aller Präparate mit 30, 40 und 50 % Siliconanteil im Bereich von 0,3-0,8 U/mg$_{Immob.}$, was Aktivitätsausbeuten von 50-133 % entspricht. Erst Novozym 435 mit Siliconanteilen von 60 % zeigte Aktivitätseinbußen, die deutlich unter 50%igen Ausbeuten liegen. Diese basieren vermutlich auf der Ausbildung einer äußeren Siliconschicht, die sich über Massentransferlimitierungen negativ auf die Aktivität der Immobilisate auswirkt. Nichtsdestotrotz sind die erzielten hydrolytischen Aktivitäten der siliconbeschichteten Novozym 435-Partikel insgesamt überraschend hoch, da der stark hydrophobe Charakter der Siliconbeschichtung deutlich geringere Aktivitäten in einem wässrigen und damit stark hydrophilen Reaktionsmedium vermuten ließ. Möglicherweise kommt es durch das Silicon zu einer Verstärkung der Partikelhydrophobizität, die die Diffusion des aploren Tributyrins aus der polaren Wasserphase in die Partikel begünstigt. Ansonsten kann aus den hohen Aktivitäten siliconbeschichteter Partikel ganz allgemein abgeleitet werden, dass die Silicone über eine ausreichend gute Permeabilität für dieses Substrat/Produkt-System verfügt.

3.1.5.2 Veresterungsaktivität (Propyllaurat *Units*) in Methylcyclohexan

Novozym 435 ist laut gängiger Literatur besonders für den Einsatz in organischen Lösungsmitteln oder Mehrphasensystemen geeignet und wurde bereits erfolgreich in diversen Synthesereaktionen der organischen Chemie eingesetzt [End und Schöning, 2004; Mei *et al.*, 2003]. Aus diesem Grund sollte im Rahmen dieser Arbeit auch die Eignung der siliconbeschichteten Präparate für den Einsatz in organischen Lösungsmitteln untersucht werden. Als Reaktion wurde die Synthese des Emollientesters Propyllaurat aus den Substraten Laurinsäure und 1-Propanol in Methylcyclohexan verwendet. Die Aktivitäten von Novozym 435 und Novozym 435 mit ca. 43 % Siliconanteil für die Silicone A100/B5, A100/B3,5 und A350/B5 sind in Tabelle 7 gezeigt. Da quellungsbedingt mit deutlichen Volumenzunahmen des Siliconelastomers zu rechnen war (vgl. Kapitel 3.1.1.3), und so die Gefahr bestand, dass Silicon in diesem Zustand leichter vom Träger gelöst und ggf. in die Analyseproben gelangen, wurden Partikel mit geringeren Siliconanteilen (ca. 43 %) eingesetzt. Dabei lagen die Aktivitätsausbeuten der siliconbeschichteten Präparate bezogen auf den Anteil Novozym 435 mit 68-80 % (bzw. 39-46 % bezogen auf den Gesamtanteil Immobilisat) sehr hoch. Vermutlich ermöglichen quellungsbedingte Ausdehnungen des Silicons ausreichend hohe Diffusionsraten für die Substrat- und Produktmoleküle.

Tabelle 7: Estersyntheseaktivität (PLU/g$_{Immob.}$) in Methylcyclohexan von Novozym 435 und Novozym 435 mit drei unterschiedlichen Siliconbeschichtungen.

Probenbezeichnung	Siliconanteil [%]	Estersynthese-Aktivität [PLU/g$_{Immob.}$]	Aktivitätsausbeute [%]
Novozym 435	0	581	100
Novozym 435 mit Silicon (A100/B5)	43	227	39
Novozym 435 mit Silicon (A100/B3,5)	43	240	41,3
Novozym 435 mit Silicon (A350/B5)	43	267	46

Auch wenn die Unterschiede zwischen den drei verschiedenen verwendeten Siliconzusammensetzungen gering sind, so fällt doch auf, dass das Immobilisat mit dem Silicon der engsten Netzwerkdichte (A100/B5) erwartungsgemäß die geringsten Aktivitätsausbeute (39 %), und das Immobilisat mit dem Silicon der gröbsten Maschenweite mit 46 % die höchste Aktivitätsausbeute aufweist. Die Ergebnisse zeigen deutlich die gute Eignung siliconbeschichteter Novozym 435-Partikel für den Einsatz in organischen Lösungsmitteln wie Methylcyclohexan und sollten als Anlass genommen werden, um seine Tauglichkeit zum Einsatz in Lösungsmitteln und 2- bzw. Mehrphasensystemen zukünftig eingehender zu untersuchen.

3.1.5.3 Lösungsmittelfreie Veresterungsaktivität (Propyllaurat *Units*)

Die Bestimmung der Veresterungsaktivität wurde unter Verwendung äquimolarer Mischungen aus den Substraten Laurinsäure und 1-Propanol bei 60 °C durchgeführt. Dabei wurde lösungsmittelfrei, d.h. unter Verzicht von Lösungsmitteln, in reiner Substratlösung gemessen, da dies den Bedingungen industrieller Prozesse zur Herstellung von Emollientestern entspricht. Diese Variante der lösungsmittelfreien Propyllauratsynthese gilt als standardisierte Referenzreaktion zur Beurteilung der Enzymaktivitäten bei der technischen Emollientestersynthese und wird in Propyllaurat *Units* (PLU) angegeben [Sekeroglu *et al.*, 2004; Kristensen *et al.*, 2005]. Die erhöhte Reaktionstemperatur von 60 °C ist notwendig, da Laurinsäure einen Schmelzpunkt von ca. 45 °C hat und als Feststoff kaum zu durchmischen wäre. Dies gilt für zahlreiche weitere Substrate auf Basis von Fettsäuren, die bei der Emollientestersynthese typischerweise zum Einsatz kommen.

Eingangs wurde die generelle Eignung der Methode zur Aktivitätsbestimmung untersucht, da nicht klar war, ob es während der Versuchsdurchführung in der viskosen Substratlösung (vgl. Kapitel 2.2.6.3) zum Ablösen enzymhaltiger Partikelbruchstücke oder zur Desorption von Enzymmolekülen kommt. Diese würden bei der Probennahme in die GC-Vials verschleppt und dort die Veresterungsreaktion weiterkatalysieren, was zu fälschlicherweise erhöhten Produktkonzentrationen und entsprechend erhöhten Aktivitäten führen würde. Zur Klärung dieser Frage wurde eine Vergleichsreihe unter Verwendung des Silylierungsmittels MSTFA (*N*-Methyl-*N*-(trimethylsilyl)-2,2,2-trifluoracetamid) zur Probenderivatisierung durchgeführt. Dazu wurden Proben von 50 µL in 750 µL Dekan überführt, welche dann mit 200 µL MSTFA vermischt und für 1 h bei 50 °C leicht geschüttelt wurden, bevor die Produktkonzentration gaschromatographisch analysiert wurde. Dabei reagiert das MSTFA mit den freien OH- und COOH-Funktionalitäten der beiden Substrate und entzieht diese damit der möglicherweise weiterlaufenden Veresterungsreaktion. Da die so bestimmte Propyllauratsyntheseaktivität mit ca. 7.000 PLU der des einfachen Tests ohne Zugabe des vergleichsweise kostspieligen Derivatisierungsagenz entsprach, und auf diese Weise gezeigt wurde, dass die in Kapitel 2.2.5.3 beschriebene Methode ausreichende Genauigkeit erreicht, wurden die Aktivitäten nachfolgend ohne Probenderivatisierung mit MSTFA bestimmt. Darüber hinaus wurde gezeigt, dass die autokatalytische Veresterungsreaktion, d.h. ohne Zugabe des Biokatalysators, bei 60 °C im gewählten Testsystem im Bereich von <1 % der Ausgangsaktivität von Novozym 435 lag und wurde deswegen nachfolgend nicht weiter berücksichtigt. Die Veresterungsaktivität von Novozym 435 lag unter den gewählten Testbedingungen bei 7307 (± 240) PLU/$g_{Immob.}$, und wurde als Grundlage zur Berechnung der nachfolgenden Aktivitätsausbeuten bzw. Restaktivitäten genommen.

Bei der anfänglichen Entwicklung dieses Beschichtungsverfahren wurden Novozym 435-Partikel mit Siliconmengen von 30, 40, 50 und 60 % (w/w) hergestellt und die Estersyntheseaktivitäten bestimmt. Dabei fiel allerdings auf, dass die Aktivitäten der beschichteten Partikel zwar insgesamt sehr hoch lagen, die im Schnellverfahren untersuchten Leachingstabilitäten in MeCN/Wasser (vgl. Kapitel 3.1.7) bei Partikeln mit 30 und 40 % eher gering ausfielen. Da die Herstellung von Immobilisaten mit hoher Leachingstabilität aber ein wichtiges Ziel dieser Arbeit war, wurden Partikel mit 30 bis 40 % Siliconanteil in dieser Arbeit nicht weiter untersucht. Stattdessen wurden die Propyllauratsyntheseaktivitäten von Novozym 435 mit 50, 52, 54, 56, 58 und 60 % Siliconanteil untersucht, da es in diesem Bereich (bei ca. 54 % Siliconanteil) zur Ausbildung einer geschlossenen äußeren Siliconschicht kommt. Dabei wurden die sechs ausgewählten unterschiedlichen Monomerkombinationen A100/B3,5, A100/B5, A200/B3,5, A200/B5, A350/B3,5 und A350/B5 untersucht, um zusätzlich einen möglichen Einfluss des Vernetzungsgrades der Siliconschicht auf die Aktivität zu untersuchen. Abbildung 27 zeigt die Aktivitäten in PLU/$g_{Novozym435}$ in Abhängigkeit vom Siliconanteil für die Silicone A100/B3,5, A200/B3,5 und A350/B3,5. Gegenüber unbeschichtetem Novozym 435 liegen die Restaktivitäten der beschichteten Partikel um durchschnittlich 50 % niedriger. Dabei nehmen die Restaktivitäten gegenüber Novozym 435 mit steigenden Siliconanteilen erwartungsgemäß sukzessive von maximal 67 % (4878 PLU/$g_{Novozym435}$) bei 50 % Siliconanteil bis 41 % (2988 PLU/$g_{Novozym435}$) bei 60 % Siliconanteil ab. Bei einem Siliconanteil von 50 % nimmt die Aktivität mit steigender Maschenweite (durch zunehmende Kettenlänge der A-Komponente) von 4191 PLU/$g_{Immob.}$ bei A100/B3,5 über 4652 PLU/$g_{Immob.}$ bei A200/B3,5 bis hin zu 4878 PLU/g bei A350/B3,5 zu. Diese Tendenz ist auch bei allen weiteren Siliconanteilen (52-60 %) zu beobachten (vgl. Abbildung 27), und legt die Vermutung nahe, dass größere Maschenweiten im Siliconnetzwerk tatsächlich die Diffusion von Substrat- und Produktmolekülen begünstigen und dadurch höhere Aktivitätsausbeuten ermöglichen.

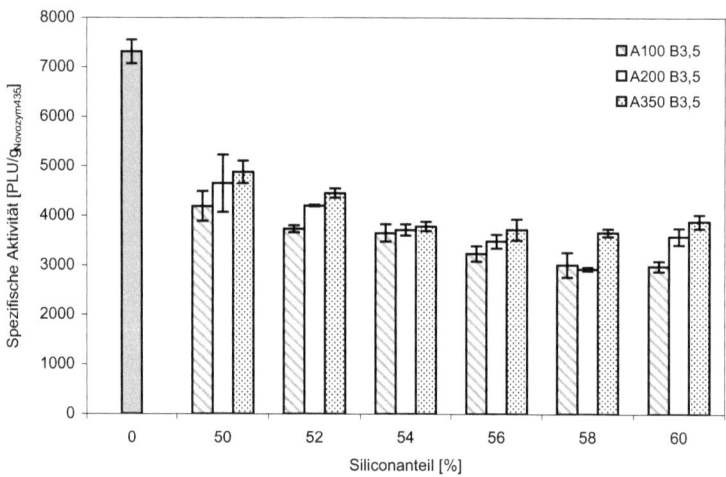

Abbildung 27: Estersyntheseaktivität von Novozym 435 und Novozym 435 mit 50, 52, 54, 56, 58 und 60 % Siliconanteil in den Monomerkombinationen A100/B3,5, A200/B3,5 und A350/B3.5.

Abbildung 28 zeigt die Aktivitäten in PLU/g$_{Novozym435}$ in Abhängigkeit vom Siliconanteil für die Silicone A100/B5, A200/B5 und A350/B5. Da die Komponente B5 statistisch betrachtet mehr SiH-Funktionen besitzt als die Komponente B3,5, führt dessen Verwendung zu engeren Siliconpolymernetzwerken. Im Vergleich zu den Immobilisaten, für die die Komponente B3,5 als SiH-Siloxan verwendet wurden, liegen die Restaktivitäten unter Verwendung der Komponente B5 tatsächlich im Durchschnitt etwas niedriger. Dabei nehmen die Restaktivitäten gegenüber Novozym 435 mit weiter ansteigenden Siliconanteilen ebenfalls erwartungsgemäß sukzessive von maximal 65 % (4.785 PLU/g$_{Novozym435}$) bei 50 % Siliconanteil auf 35 % (2.526 PLU/g$_{Novozym435}$) bei 60 % Siliconanteil ab. Der Effekt unterschiedlicher Maschenweiten auf die Aktivitäten ist deutlich geringer als erwartet und ist hier nur in der Tendenz zu erkennen. Um den Einfluss der Maschenweiten der Silicone auf die Aktivitäten genauer zu untersuchen, empfiehlt es sich für zukünftige Arbeiten die Netzwerkdichten im Silicon systematisch und schrittweise weiter zu verringern, bspw. durch die Verwendung kürzerer A-Komponenten. Zudem wäre anzuraten die Durchlässigkeit der Silicone in Diffusionszellen direkt für Zielmoleküle unterschiedlicher Größen und Polaritäten zu untersuchen, um zukünftig die Eigenschaften der Silicone gezielt an die Reaktionsbedingungen anpassen zu können.

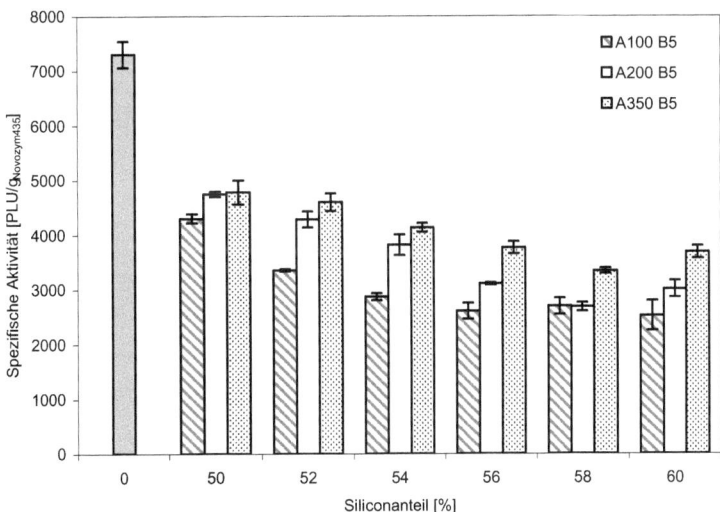

Abbildung 28: Estersyntheseaktivität von Novozym 435 und Novozym 435 mit 50, 52, 54, 56, 58 und 60 % Siliconanteil in den Monomerkombinationen A100/B5, A200/B5 und A350/B5.

3.1.6 Mechanische Stabilität siliconbeschichteter Novozym 435-Partikel

Die mechanische Stabilität von Novozym 435 gilt als ausreichend, um in organischen Lösungsmitteln, 2- oder Mehrphasensystemen unter Einbringung geringer Leistungseinträge eingesetzt zu werden. Bei größerer mechanischer Beanspruchung aber wird der Novozym 435-Träger schnell und nachhaltig beschädigt, bis hin zum vollständigen Verlust der strukturellen Integrität. Dies ist ein bekannter Nachteil von Novozym 435 in technischen Reaktorkonzepten mit stärkeren Leistungseinträgen, die im STR und mit Einschränkungen auch in Blasensäulenreaktoren typischerweise auftreten [Hilterhaus *et al.*, 2008]. Entsprechend ist der industrielle Einsatz immobilisierter Lipasen wie Novozym 435 zur lösungsmittelfreien Herstellung von Emollientestern überwiegend auf Festbettreaktoren beschränkt [Thum, 2004]. Diese wiederum eignen sich ausschließlich für niederviskoser Substanzen, da höherviskose Substrate schnell nachteilige Verstopfungen des Festbetts verursachen können [Hilterhaus *et al.*, 2008]. Das ist eine große Einschränkung für die technisch interessante Synthese langkettiger Emollientester, die mit ansteigenden Kettenlängen zunehmend viskoser werden. Zur ausreichenden Durchmischung sind dafür Reaktorkonzepte notwendig, die höhere Leistungseinträge ermöglichen. Allerdings sind gegenwärtig weder Novozym 435 noch vergleichbare kommerziell erhältliche Lipaseimmobilisate, die zudem über hohe Estersyntheseaktivitäten verfügen, mechanisch ausreichend stabil, um den Belastungen im STR dauerhaft zu widerstehen.

Zur Simulierung großer mechanischer Beanspruchungen und zur vereinfachten Demonstration wurden Proben von Novozym 435 und Novozym 435 mit 30, 40, 50 und 54 % Silicon in einfachen Erlenmeyergefäßen mit reiner Laurinsäure bei 60 °C unter Verwendung von Magnetrührern sehr schnell für 120 min gerührt. Es wurden bewusst Magnetrührer verwendet, da diese bekanntermaßen durch das sog. „grinding" (engl. für „zermahlen") eine besonders hohe mechanische Belastung induzieren. Wie Abbildung 29 entnommen werden kann, steigt der Grad der mechanischen Stabilität mit steigendem Siliconanteil der Partikel. Während das unbeschichtete Novozym 435 durch diese Beanspruchung strukturell desintegriert und zu feinen Bruchstücken zermahlen wird, gingen die Partikel mit >50 % Silicon scheinbar unversehrt aus dieser Behandlung hervor und behielten ihre ursprüngliche Form und Struktur. Partikel mit 30 und 40 % Silicon wurden teilweise zerstört – wahrscheinlich waren bei diesen Siliconmengen einzelne Partikel nicht, oder wenig stabilisiert, die ohne diesen Schutz ebenso schnell zerstört wurden, wie gänzlich unbeschichtetes Novozym 435.

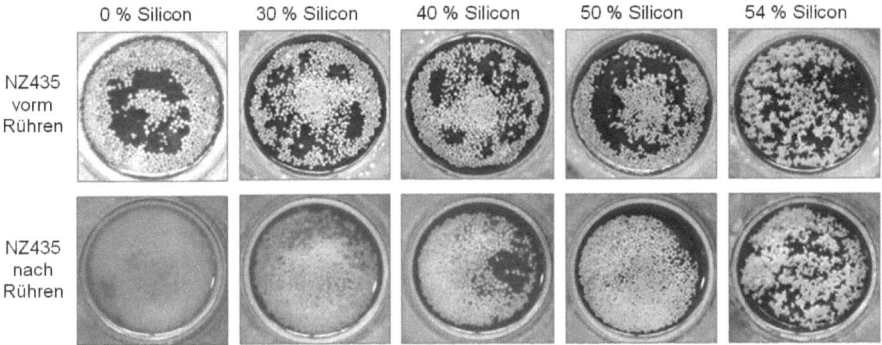

Abbildung 29: Novozym 435 und Novozym 435 mit 30, 40, 50 und 54 % Silicon (A100/B5) nach 120 min starken Rührens in Laurinsäure bei 60 °C [Wiemann et al., 2009 b].

Die qualitativen Ergebnisse aus dem Rührertest (Abbildung 29) konnten über die Bestimmung der Korngrößenverteilungen (KGV) bestätigt werden. Die in Abbildung 29 gezeigte Trübung der flüssigen Laurinsäure basierte vorwiegend auf sehr kleinen Partikelbruchstücken, die sich aus der Partikeloberfläche rauslösten. Diese Feinteile, auch als „fines" bezeichnet, lassen sich durch Siebung nur schwer bestimmen. Darüber hinaus reichte eine kurze Phase der Beanspruchung von wenigen Stunden nicht aus, die Partikel so weit zu beschädigen, dass diese in mehrere kleine Fragmente zerbrachen. Diese Bruchstücke sind aber die Vorraussetzung, um durch die hier verwendete Siebung reproduzierbare KGV bestimmen zu können. Signifikante und reproduzierbare Ergebnisse konnten unter diesen Bedingungen erst ab einer ungefähren Testdauer von > 15 h erreicht werden. Abbildung 30 zeigt, dass die durchschnittliche KGV des unbehandelten Novozym 435 unter diesen Bedingungen mit der Zeit deutlich abnimmt. Der Anstieg der prozentualen Gewichtsanteile bei 600 und 800 µm nach 20 und 30 h basiert vermutlich darauf, dass die Partikel durch die mechanische Beanspruchung besonders stark in Laurinsäure quellen. Ferner kommt es durch die polydisperse Größenverteilung von Novozym 435 von Probe zu Probe zu Messschwankungen. Demgegenüber sind die in Abbildung 31 gezeigten KGV nach 5, 20 und 30 h von Novozym 435 mit schützendem Siliconanteil von 60 % nahezu unverändert, was voraussetzt, dass die Partikel intakt geblieben sind. Auch hier sind die Partikel nach 30 h im Durchschnitt etwas größer. Dies könnte, wie bereits beschrieben, daran liegen, dass die siliconbeschichteten Partikel in der Laurinsäure mit der Zeit leicht gequollen sind.

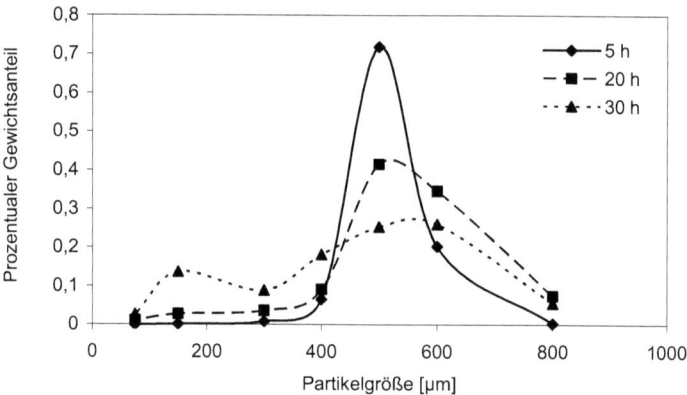

Abbildung 30: Korngrößenverteilung von Novozym 435 nach 5, 20 und 30 h starkem Rühren in Laurinsäure bei 60 °C, bestimmt durch Siebung (Ausschlussgröße der Siebfraktionen waren 75, 150, 300, 400, 500, 600 und 800 µm) [Wiemann et al., 2009 a].

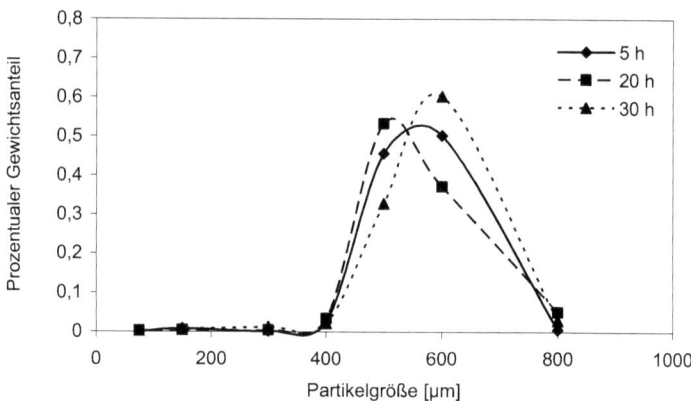

Abbildung 31: Korngrößenverteilung von Novozym 435 mit 60% Silicon (A100/B5) nach 5, 20 und 30 h starken Rührens in Laurinsäure bei 60 °C, bestimmt durch Siebung (Ausschlussgrößen der Siebfraktionen waren 75, 150, 300, 400, 500, 600 und 800 µm) [Wiemann et al., 2009 a].

Exemplarisch wurden hochaufgelöste REM-Aufnahmen von Novozym 435-Partikeln und Novozym 435-Partikeln mit 55 % Silicon nach 90 min starkem Rühren in Laurinsäure angefertigt. Abbildung 32/1 zeigt zu Vergleichszwecken die REM-Aufnahme eines Novozym 435-Partikels ohne Siliconschicht vor der mechanischen Beanspruchung. Der in Abbildung 32/2 gezeigte, unbeschichtete Partikel weist nach dieser hohen mechanischen Beanspruchung deutliche Beschädigungen auf. Neben Abriebspuren auf der Partikeloberfläche fallen insbesondere die tiefen Risse im Partikel auf. Vermutlich handelt es sich hierbei um einen Doppeleffekt, der neben mechanischer Beanspruchung (wie „grinding") auf Quell- und Schrumpfvorgängen in Laurinsäure beruhen könnte. Die daraus resultierenden leichten Beschädigungen der Partikeloberfläche könnten als Startpunkte für weitere mechanische Zerstörungen dienen. Der mit 55 % Silicon beschichtete Partikel (Abbildung 34/3) ist nahezu unversehrt und zeigt keinerlei Spuren von mechanischer Beanspruchung. Bei den plattenartigen Auflagerungen auf der Partikeloberfläche, die in Abbildung 34 (3) zu sehen sind, handelt es sich um fest gewordene Laurinsäurerückstände, wie über ortsaufgelöste EDX-Scans nachgewiesen werden konnte.

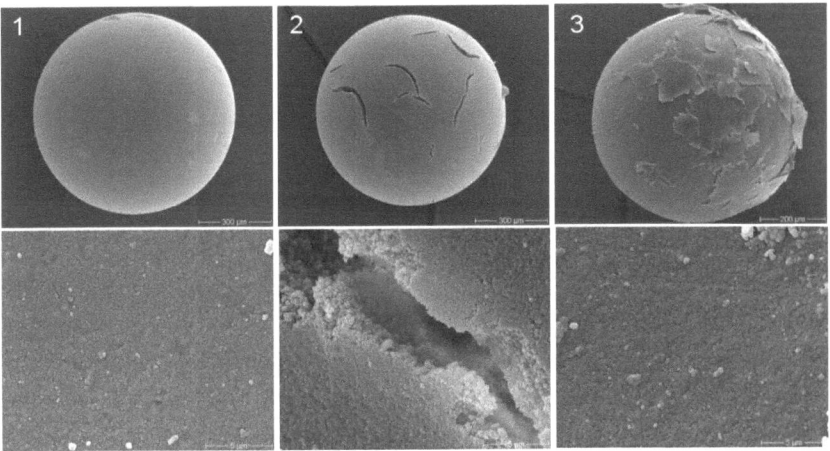

Abbildung 32: (1) Novozym 435, (2) Novozym 435 nach 90 min starkem Rühren in reiner Laurinsäure bei 60 °C und (3) Novozym 435 mit 55 % Silicon (A100/B5) ebenfalls nach 90 min starkem Rühren in Laurinsäure bei 60 °C. [Die plattenartigen Auflagerungen auf der Partikeloberfläche in (3) sind erstarrte Laurinsäurerückstände]

Zusätzliche REM-Aufnahmen der Partikel nach Rühren in Laurinsäure zeigt die nachfolgende Abbildung 33. Auch hier ist deutlich zu erkennen, dass unbeschichtetes Novozym 435 deutlich Spuren von Abrieb auf der Oberfläche und tiefe Fissuren und Risse in der Partikelstruktur aufweist. Die Partikel mit 30, 40 und 50 % Silicon blieben größtenteils intakt, zeigen aber wie der unbeschichtete Partikel deutliche Spuren mechanischen Abriebs auf der Partikeloberfläche, die auch als Ursache für die leichten Trübungen der Laurinsäurephasen in Abbildung 29 angesehen werden können. Erst der Partikel mit 54%, der über eine deutlich erkennbare Siliconschicht auf der

Partikeloberfläche verfügt, behält neben seiner vollen strukturellen Integrität auch eine erstaunlich ebene und unbeschädigte Oberfläche bei. Mögliche Gründe für dieses Verhalten werden im weiteren Verlauf des Kapitels erörtert.

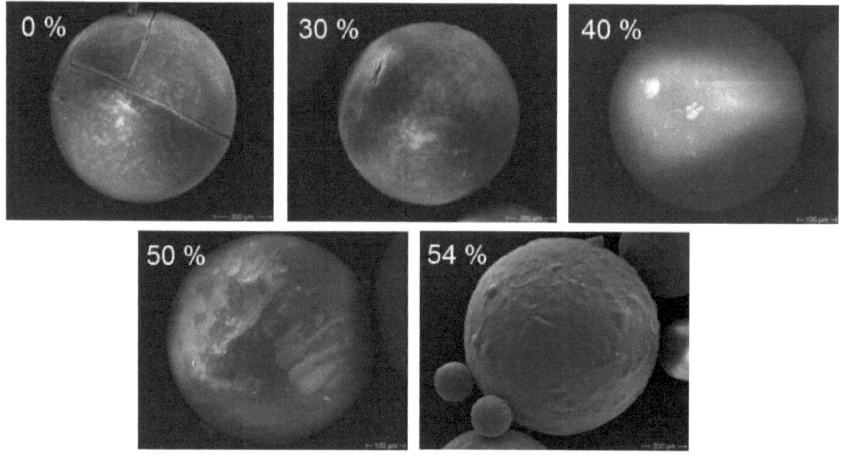

Abbildung 33: REM-Oberflächenaufnahmen von Novozym 435 und Novozym 435 mit 30, 40, 50 und 54 % (w/w) Silicon, alle nach 120 min starken Rührens in Laurinsäure (60 C) [Wiemann et al., 2009 b].

Da unter den gewählten Testbedingungen ein Einfluss von Quell- und Schrumpfeffekten durch die Laurinsäure auf die Trägerintegrität nicht ausgeschlossen werden konnte, wurden weitere Untersuchungen unter Verzicht auf die Verwendung von Flüssigkeiten wie Laurinsäure gemacht. Dazu wurden die Partikel trocken in einer Schwingmühle mit Glaskugeln bei hoher Frequenz geschüttelt (Kapitel 2.2.7.1). Abbildung 34 zeigt REM-Aufnahmen von Novozym 435-Partikeln ohne Silicon und Novozym 435-Partikeln mit 54 % Siliconanteil (A100/B5) nach Aufschluss in der Schwingmühle. Hierbei traten beim unbeschichtetem Novozym 435 zwei Arten struktureller Desintegration auf: Zum einen wurden durch mechanischen Abrieb und Verschleiß feine Fragmente <100 µm (engl. „fines") aus der porösen Partikeloberfläche herausgerissen. Andererseits führte die mechanische Belastung dazu, dass die komplette Trägerstruktur zerstört wurde und die Partikel in mehrere große Einzelstücke von etwa 100-300 µm zerbrachen. Das siliconbeschichtete Novozym 435 dagegen blieb größtenteils intakt. Es scheint, als wären Teile des Außenbereiches abgebrochen und Siliconrückstände mit kleineren Partikelbruchstücken verklebt. Diese Beobachtung konnte durch Bestimmung der Korngrößenverteilungen vor und nach Beanspruchung bestätigt werden und gibt Anlass zu folgender Theorie zum typischen Verhalten von

Kompositpartikeln: Bei der angreifbaren äußeren Partikeloberfläche gelten insbesondere die Poren als Ausgangspunkt für Risse, Brüche und Abrieb und werden aufgrund dessen auch als *crack release zones* bezeichnet [Antonyuk *et al.*, 2005]. Damit entsprechen die Poren sonstigen strukturellen Defekten von Partikeln wie Mikrorissen und Unebenheiten. Bei entsprechender mechanischer Belastung entstehen die größten Zugspannungen an diesen Defektzonen, die dann als Ausgangspunkte für die beschriebenen schwerwiegenderen strukturellen Beschädigungen der Partikel dienen [Antonyuk *et al.*, 2005]. Dies ist ein typisches Verhalten von Partikeln mit hoher spezifischer Oberfläche und großer Porosität und erklärt im Umkehrschluss, warum makroporöse Enzymträger wie Novozym 435 über geringe mechanische Stabilitäten verfügen. Bei Novozym 435 mit 54 % Siliconanteil ist die Angriffsfläche dieser Defektzonen jedoch durch eine Art Versiegelungseffekt des Silicons stark verringert und trägt maßgeblich zur beobachteten Erhöhung der mechanischen Stabilität bei. Zudem wirkt die Kombination der elastischen äußeren und inneren Siliconschichten als Energieabsorber und sog. Stressdelokalisierer (*stress delocalizer*), der den Aufprall mechanischer Beanspruchungen abfängt und so kompensiert [Deng *et al.*, 2007]. Als direkte Konsequenz dieses Verhaltens erhöht sich die Stoßfestigkeit (*impact strength*) der Kompositpartikel [Pavlidou *et al.*, 2003]. Der stabilisierende Effekt der inneren Siliconschicht zeigte sich bereits bei Novozym 435 mit 30, 40 und 50 % Siliconanteil (vgl. Abbildung 29) und nahm entsprechend bei steigenden Siliconanteilen zu.

Zudem sollte die Ausbildung der äußeren Siliconschicht bei 54 % Siliconanteil das Entstehen von Feinstäuben bei der Handhabung und beim Transport der Immobilisate effektiv verhindern. Dies ist aufgrund häufig auftretender allergener Reaktion des Menschen beim Umgang mit Enzympräparaten speziell im großtechnischen Maßstab dringend erwünscht [Antonyuk *et al.*, 2005] und kann als weiterer allgemeiner Vorteil der Siliconbeschichtung angesehen werden. Es scheint sehr wahrscheinlich, dass sich dieser positive Effekt ohne großen Aufwand auf weitere Enzymimmobilisate auf Basis poröser Trägersysteme übertragen lässt.

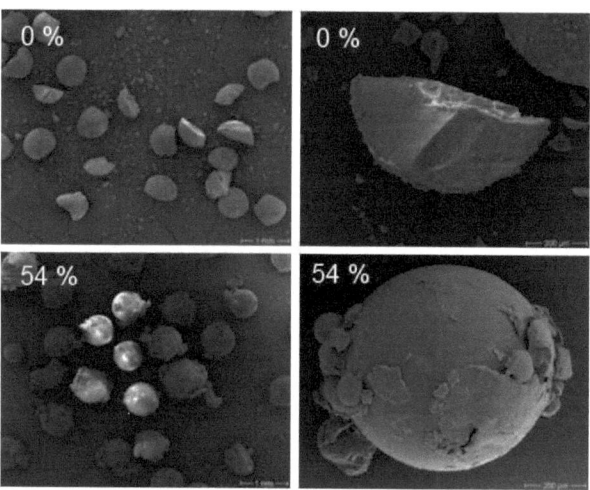

Abbildung 34: REM-Aufnahmen von Novozym 435 (0 %) und Novozym 435 mit 54 % Silicon (A100/B5) (54 %) nach 5 min starken Schüttelns in einer Schüttelmühle (Glaskugeln Ø 4 mm) [Wiemann et al., 2009 b].

3.1.7 Leachingstabilität siliconbeschichteter Novozym 435-Partikel

Eine allgemeine Limitierung von Biokatalysatoren, bei denen das Enzym adsorptiv an einen Träger gebunden vorliegt, ist die geringe Stärke dieser Bindungsform. In Anhängigkeit der Umgebungsbedingungen kann es im Reaktionsverlauf zu einer unerwünschten Desorption des Enzyms von der Trägeroberfläche kommen. Neben der daraus resultierenden schleichenden Deaktivierung des Biokatalysators in kontinuierlichen oder repetitiven Prozessen käme es zu unvorteilhaften Verunreinigungen der Produktlösung mit Protein, die je nach Anwendungsbereich aufwändige Aufreinigungsschritte notwendig machen würden. Diese Enzymverluste werden in der Fachliteratur als *Enzymleaching* bezeichnet. Dem gegenüber stehen wiederum klare Vorteile, die die adsorptiven Trägerbindung insbesondere bei Lipasen zur Methode der Wahl machen. Dazu zählen u.a. die ausgezeichneten erreichbaren Aktivitäten und die verfahrenstechnische Einfachheit dieser Methode, die sehr kostengünstig im großen Maßstab durchführbar ist. *Enzymleaching* tritt auch bei dem Lipaseimmobilisat Novozym 435 auf, und bedingt in technischen Prozessen in Abhängigkeit der Reaktionsbedingungen quantitative Enzymverluste [Chen et al., 2008; Hilterhaus et al., 2008]. So kommt es bspw. beim Einsatz von Novozym 435 zur Synthese tensidischer Emollienten im Festbett, in der Blasensäule sowie im STR zum sukzessiven Enzymverlust. *Enzymleaching* konnte bei Novozym 435 aber auch in Gegenwart von Cosolventien beobachtet werden. *Enzymleaching* äußert sich vor allem in Form von Aktivitätseinbußen der Immobilisate und führt zudem zur Verringerung der Prozessproduktivitäten. Petry *et al.* (2006) zeigten, dass die adsorptiv gebundene CALB durch Rühren in Mischungen aus 10 % Methanol, 45 % MeCN und 45 % Wasser bzw. in 1:1 Mischungen aus MeCN/Wasser bei Temperaturen oberhalb von 45 °C innerhalb kurzer Zeit vom Novozym 435-Träger desorbierte. Um einen wirtschaftlichen Einsatz von Novozym 435 als Biokatalysator in diesen Prozessen zu gewährleisten, ist eine deutliche Erhöhung der Leachingstabilität unabdingbar. Nachfolgend wurde demzufolge untersucht, ob die im Rahmen dieser Arbeit entwickelte Siliconbeschichtung geeignet war, die Leachingstabilität von Novozym 435 in den beschriebenen Reaktionssystemen zu verbessern.

3.1.7.1 *Enzymleaching* in Gegenwart von Cosolventien (MeCN/Wasser)

Das Auftreten von Aktivitätseinbußen immobilisierter Enzyme im Reaktionsverlauf und insbesondere beim kontinuierlichen bzw. wiederholten Einsatz ist ein häufiges Problem bei der Etablierung technischer Synthesen. Dabei ist es häufig nicht einfach zu unterscheiden, ob die auftretende Aktivitätsabnahme auf einer Deaktivierung des Enzyms auf der Trägeroberfläche durch Denaturierung oder andere chemische Modifikationen basiert oder durch *Enzymleaching* hervorgerufen wird [Petry *et al.*, 2006]. Um den Einfluss des Siliconcoatings auf die Enzymleachingstabilität in Gegenwart von Cosolventien zu untersuchen, wurden die harschen Testbedingungen von Petry *et al.* (2006) mit leichten Modifikationen übernommen (vgl. Kapitel 2.2.6.1). Es konnte gezeigt werden, dass Novozym 435 nach 30 min Rühren in MeCN/Wasser (1:1) bei 45 °C vollständig inaktiviert wurde. Da die CALB in Gegenwart von MeCN erst nach Prozessdauern von vielen Stunden nachweisbare Aktivitätseinbußen zeigte [Lonzano *et al.*, 2002], konnte im Umkehrschluss davon ausgegangen werden, dass die CALB durch den Leachingtest nicht deaktiviert wurde. Dennoch wurde nachfolgend untersucht, ob die CALB tatsächlich von der Trägeroberfläche desorbiert oder lediglich aufgrund schädigender Effekte des MeCN/Wasser-Gemischs auf der Oberfläche inaktiviert wurde. Erst durch eine leichte Modifizierung der Probenpräparation beim Bradfordtest konnten die Proteinkonzentrationen nach *Enzymleaching* im Überstand der MeCN/Wasser-Lösung bestimmt werden. Eine direkte Bestimmung in Gegenwart von MeCN ist nicht möglich, da der Triarylmethanfarbstoff des Bradfordreagenz bei Kontakt mit organischen Lösungsmitteln wie MeCN quantitative Messungen aufgrund unspezifischer Wechselwirkungen unmöglich macht. Stattdessen wurden die aus dem Überstand entnommenen Proben zum vollständigen Entzug des MeCN/Wasser-Gemisches lyophilisiert, in Aqua dest. resuspendiert und anschließend wurde der Proteinanteil nach Bradford (1976) bestimmt. Nach gleichem Schema wurde auch die Kalibrierung des Messverfahrens zur Berechnung der Proteinkonzentrationen unter Verwendung von BSA als Standard erstellt. Eine Verfälschung der Ergebnisse aufgrund des Lyophilisierens und Resuspendierens der CALB war unwahrscheinlich, da Enzyme bei dieser als sehr schonend geltenden Behandlungsweise kaum beinträchtig werden und üblicherweise sogar ihre Konformation und Aktivität beibehalten [Vecchio et al., 1999]. Eventuelle Ungenauigkeiten begründen sich in möglichen Verlusten aufgrund der Erhöhung der Anzahl von Arbeitsschritten. Im Überstand des unbeschichteten Novozym 435 wurden nach 30 min bei 45 °C in MeCN/Wasser 56 (± 1) $mg_{Protein}/g_{Novozym\,435}$ nachgewiesen. Das bedeutet, dass 5,6 % (w/w) Protein vom Träger desorbierten, was genau im mittleren Bereich des vom Hersteller angegeben Proteinanteils von 1-10 % (w/w) liegt [Produktdatenblatt Novozym 435, Novozymes]. Eine alternative von Petry et al. (2006) durchgeführte Bestimmung des Proteinanteils mittels Phenylalanin- und Tyrosin-Analyse ergab ebenfalls 52,2 $mg/g_{Novozym\,435}$. Aufgrund dieser Ergebnisse konnte bestätigt werden, dass die CALB unter den gewählten Testbedingungen tatsächlich vom Träger desorbiert. Abbildung 35 zeigt die Proteinverluste von beschichtetem Novozym 435 mit 30, 40, 50 und 60 % Siliconanteil für vier Siliconsysteme unterschiedlicher Maschenweiten (A100/3,5, A100/B5, A350/B3,5 und A350/B5). Dabei wird der Einfluss der Siliconbeschichtung auf die Leachingstabilität von Novozym 435 deutlich. Bereits bei 30 und 40 % Siliconanteil nahmen die Proteinverluste auf Werte von 9-25 $mg_{Protein}/g_{Novozym\,435}$ ab, wobei sich die starken Schwankungen der desorbierten Proteinmengen bei diesem Test aus der polydispersen Größenverteilung von Novozym 435, den herstellungsbedingten stark unterschiedlichen Enzymbeladungsmengen (1-10 % Proteinanteil) und möglicher Fehler in der Probenhandhabung durch die zusätzlich notwendigen Arbeitsschritte zum Lyophilisieren der Proben, ergeben. Ungeachtet dessen ist in Abbildung 35 deutlich zu erkennen, dass die Proteinverluste mit zunehmenden Siliconanteilen im Mittel deutlich abnehmen. So wurden die Proteinverluste durch *Leaching* bei Novozym 435 mit 60 % Silicon (A350/B3,5) auf 6,2 $mg_{Protein}/g_{Novozym\,435}$ reduziert, was gegenüber unbeschichtetem Novozym 435 einer Verringerung des prozentualen Proteinverlustes von 5,2 % auf 0,62 % (w/w) entspricht. Ein direkter und nachvollziehbarer Einfluss der Wahl der Siliconsysteme in Abhängigkeit der Maschenweite auf die Enzymleachingstabilität trat hier anscheinend nicht auf. Offenbar sind alle gewählten Silicone in der Lage die großen CALB-Moleküle (33 kDa) in einem gewissen Rahmen am Desorbieren zu hindern. Trotz der relativ großen Messungenauigkeiten konnte auf diese Weise bestätigt werden, dass die Leachingstabilität von Novozym 435 durch Beschichtung mit Silicon selbst unter diesem, als besonders harsch anzusehenden, Leachingstress signifikant erhöht wurde. Jedoch reichten selbst 60 % Siliconanteil nicht aus, um das *Enzymleaching* vollständig zu unterbinden.

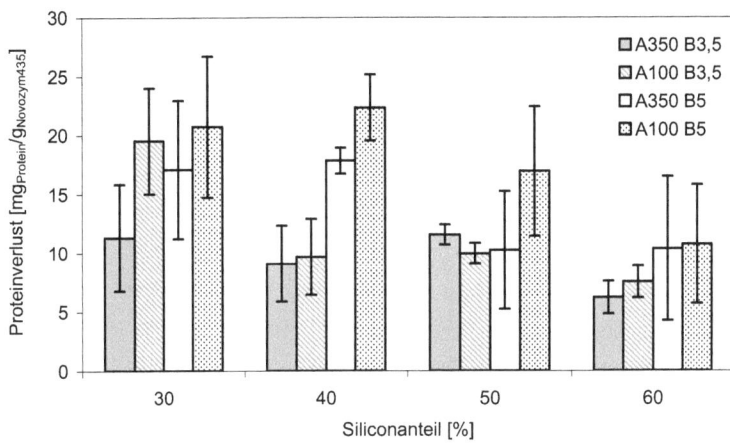

Abbildung 35: Proteinverlust von Novozym 435 mit 30, 40, 50 und 60 % Siliconanteil und unterschiedlichen Siloxankombination (A350/B3,5; A100/B3,5; A350/B5 und A100/B5) durch 30 min Rühren in MeCN/H$_2$O bei 45 °C.

Zur abschließenden Klärung der Frage, ob die CALB unter den beschriebenen Leachingbedingungen (MeCN/Wasser, 45 °C) vollständig vom Träger desorbiert, wurden ATR-FTIR-spektroskopische Messungen an Novozym 435 vor und nach *Enzymleaching* durchgeführt. FTIR-spektroskopische Verfahren nutzen dabei den Effekt, dass Moleküle die emittierten IR-Strahlen absorbieren und dabei zu Schwingungen und Rotationen angeregt werden. Die Anregungen erfolgen in diskreten, für bestimmte funktionelle Gruppen spezifischen, Energiestufen und erlauben dadurch konkrete Rückschlüsse zur Struktur der Probe. Mei *et al.* zeigten 2003 die Verteilung der CALB in Novozym 435-Partikeln, indem sie synchrotonverstärkte FTIR-Messungen an Trägerquerschnitten durchführten. Als Zielbande zum Nachweis der CALB im Trägerquerschnitt des Novozym 435 diente hierbei vor allem die Amid-Bande I, die bei 1652-1658 cm^{-1} liegt. In dieser Arbeit wurde auf eine Signalverstärkung durch ein Synchroton verzichtet, da der enorme Aufwand, der für derartige Messungen nötig wäre, mit den erwarteten Ergebnissen nicht vereinbar zu sein schien. Stattdessen wurden die trockenen Proben an einem ATR-FTIR-Spektroskop unter Verwendung einer ZnSe-Messeinheit bei einer Auflösung von 4 cm^{-1} gemessen. Die Amid-Bande I wird aufgrund der hohen Signalstärke bevorzugt als Proteinnachweis genutzt [Vecchio *et al.*, 1999]. Serefoglou *et al.* (2008) nutzen diese Methode, um die ungefähren Beladungsdichten von β-Glukosidase auf Betonite-Tonträgern (*smectite clays*) zu bestimmen. Problematisch wird dies erst in Gegenwart von Wasser, da dieses zu Signalüberschneidungen mit der Amid-I-Bande führt [Vecchio *et al.*, 1999], weshalb die Proben in dieser Arbeit vor der Messung ausgiebig getrocknet wurden. Abbildung 36 zeigt den direkten Vergleich von Novozym 435 vor und nach *Enzymleaching* in MeCN/H$_2$O bei 45 °C. Dabei ist bei Novozym 435 vorm *Enzymleaching* die Amid-Bande I mit einem Maximum bei 1652 cm^{-1} deutlich zu erkennen. Nach dem *Enzymleaching* ist die Amid-Bande I hingegen nicht mehr nachweisbar, was den Schluss nahe legt, dass die adsorptiv gebundene CALB vollständig (d.h. bis unterhalb der Nachweisgrenze des gewählten Testsystems) vom Träger desorbierte. Die große Hauptbande bei 1724 cm^{-1} indiziert die zahlreichen C=O-Bindungen des Polymethylmethacrylats des Trägers, die typischerweise bei 1715-1720 cm^{-1} liegen [Mei *et al.*, 2003]. Vergleichbare Messungen an siliconbeschichtetem Novozym 435 ergaben keine reproduzierbaren Ergebnisse für die Amid-Bande I. Obwohl die siliconspezifischen Banden in anderen Frequenzbereichen liegen, als die Amid-Bande I, kommt es vermutlich aufgrund der abschirmenden Wirkung der Siliconschicht zu einer zu starken Signalverringerung.

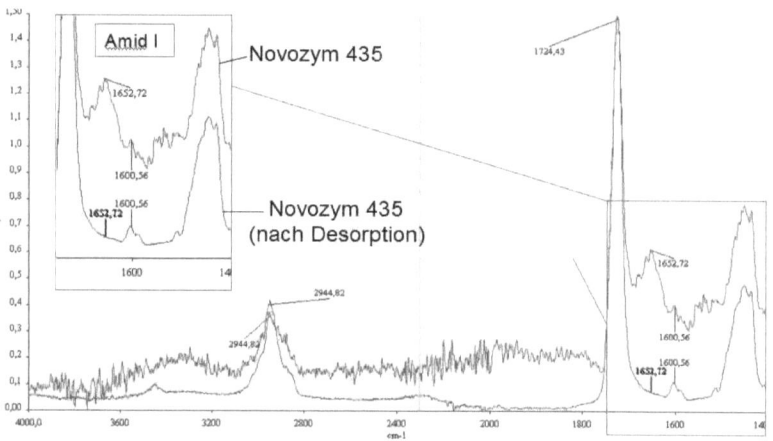

Abbildung 36: ATR-FTIR-Chromatogramm von Novozym 435 vor und nach erzwungener Desorption in MeCN/H$_2$O (Amid I-Bande bei 1652 cm^{-1} als Nachweis für die CALB).

Lichtmikroskopische Oberflächenaufnahmen von Novozym 435 nach dem *Enzymleaching* legten aufgrund veränderter Oberflächenmorphologie die Vermutung nahe, dass die strukturelle Trägerintegrität unter den gewählten Bedingungen ebenfalls in Mitleidenschaft gezogen wurde. Die zur Bestätigung dieser Vermutung durchgeführten REM-Aufnahmen der Partikel zeigten aber keine erkennbaren Veränderungen der Oberflächenstruktur und der strukturellen Partikelintegrität (Daten nicht gezeigt). Deswegen kann davon ausgegangen werden, dass durch das Rühren in MeCN/H$_2$O ausschließlich Enzyme desorbieren, die strukturelle Integrität der Partikel aber erhalten blieb.

Im weiteren Verlauf wurde untersucht, wie sich das *Enzymleaching* auf die Aktivität von Novozym 435 mit und ohne Siliconbeschichtung auswirken. Dazu wurden die Restaktivitäten der *geleachten* Partikel bei der lösungsmittelfreien Propyllauratsyntheseaktivität, aber auch bei der Hydrolyse von Tributyrin sowie bei der Estersyntheseaktivität im organischen Lösungsmittel bestimmt. Da im Rahmen der Optimierung der Siliconbeschichtung bereits gezeigt werden konnte, dass Partikel mit 50-58 % Siliconanteil aufgrund der Ausbildung einer schützenden Siliconschicht besonders stabil sind, wurde dieser Zielbereich für die nachfolgenden Desorptionstests verwendet. Zuvor konnte ebenfalls gezeigt werden, dass die Restaktivitäten von Novozym 435 mit Siliconanteilen von 30 und 40 %, wie am Beispiel des Silicons A100/B5 gezeigt, mit Restaktivitäten von 4 bzw. 8 % sehr niedrig waren. Abbildung 37 zeigt die prozentualen Restaktivitäten der Immobilisate mit 50-58 % Silicon nach *Enzymleaching*. Das ungeschützte Novozym 435 wurde unter diesen Bedingungen, wie bereits im vorigen Kapitel gezeigt, vollständig vom Träger desorbiert, was sich hier erwartungsgemäß in einem vollständigen Verlust der Estersyntheseaktivität äußerte. Die prozentualen Restaktivitäten der siliconbeschichteten Präparate stiegen sukzessive mit den steigenden Siliconanteilen an und lagen bei 54 und 58 % Silicon mit einer maximalen Restaktivität von 60 % am höchsten. Dabei fällt auf, dass das dichteste Polymernetzwerk (A100/B5) deutlich höhere Restaktivitäten ermöglicht, als das grobmaschigere Polymernetzwerk unter Verwendung von A350/B3,5. Außerdem wies Novozym 435 bereits bei 54 % Siliconanteil die höchste Restaktivität auf, wobei eine weitere Erhöhung bereits in einer leichten Abnahme der Restaktivitäten resultierte. Dieses Verhalten basiert aller Wahrscheinlichkeit nach in der gezeigten graduellen Auffüllung des Porenvolumens mit Silicon, dass bei 54 % zur Ausbildung einer feinen schützenden Siliconschicht auf der Partikeloberfläche führt. Eine weitere Erhöhung der Siliconanteile führt aufgrund der Siliconüberschüsse zur Ausbildung großer Agglomerate (vgl. Abbildung 24) und entsprechend zu keiner weiteren Zunahme der Restaktivitäten, sondern vielmehr aufgrund von Massentransferlimitierungen zu leichten Aktivitätsabnahmen.

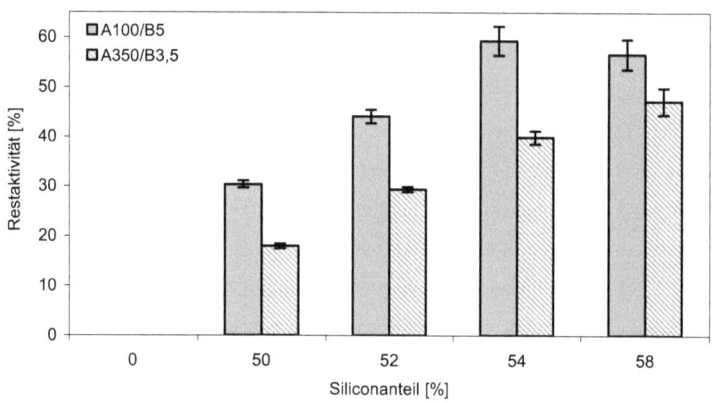

Abbildung 37: Restaktivitäten (PLU) von Novozym 435 und Novozym 435 mit Siliconanteilen von 50, 52, 54 und 58 % (A100/B5 bzw. A350/B3,5) nach *Enzymleaching* in MeCN/ H_2O.

Zusätzlich zu den Restaktivitäten bei der Propyllauratsynthese wurden nachfolgend exemplarisch die hydrolytischen Aktivitäten der Präparate nach *Enzymleaching* untersucht. Dazu wurden neben unbeschichtetem Novozym 435 lediglich Immobilisate mit 50 % Siliconanteil eingesetzt, die über vier unterschiedliche Siliconsysteme (A100/B5, A100/B3,5, A200/B5 und A350/B5) verfügten. Eine genauere Untersuchung schien an dieser Stelle nicht angebracht zu sein, da die siliconbeschichteten Partikel in dem wässrigen Testsystem schlecht handhabbar waren, was mitunter zur schlechten Reproduzierbarkeit der Ergebnisse führte. Es konnte trotz der erschwerten Testbedingungen gezeigt werden, dass das unbeschichtete Novozym 435 erwartungsgemäß vollständig inaktivierte. Die hydrolytischen Restaktivitäten der siliconbeschichteten Präparate lagen nach dem *Leaching* bei Werten zwischen 0,25 und 0,33 LU/mg$_{Novozym\,435}$, was im Vergleich zu den Präparaten vorm *Leaching* prozentualen Ausbeuten von 56-75 % entspricht. Ein klarer Zusammenhang zwischen der Wahl des Siliconsystems und der daraus resultierenden Maschenweite konnte auf Basis dieser dünnen Ergebnislage nicht festgestellt werden und sollte im Rahmen von Optimierungsarbeiten eingehender analysiert werden.

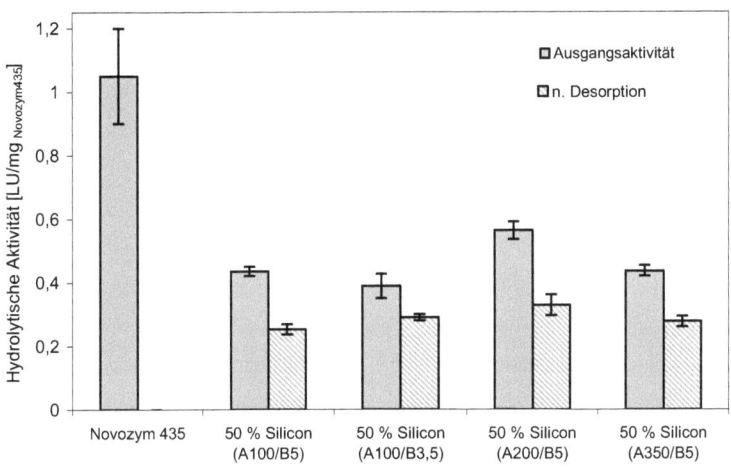

Abbildung 38: Hydrolytische Aktivität (LU: Lipase *Units*) von Novozym 435 und Novozym 435 mit 50 % Silicon (A100/B5, A100/B3,5, A200/B5 und A350/B5) vor und nach Desorption (n. Desorption) in MeCN/H$_2$O.

3.1.7.2 *Enzymleaching* in Gegenwart tensidischer Substrate bzw. Produkte

Enzymleaching ist ein bekanntes Problem bei der industriellen Estersynthese unter Verwendung von adsorptiv an Träger gebundenen Lipasepräparaten. Die Desorption des Enzyms vom Träger beruht auf dem tensidischen Charakter der typischerweise bei der Emollientenherstellung zur Anwendung kommenden Substrate oder Produkte. Beim Einsatz von Novozym 435 zur repetitiven Synthese von Polyglycerol-3-Estern beobachteten Hilterhaus *et al.* (2008) eine desorptionsbedingte Aktivitätsabnahme. Dieser Effekt tritt generell beim Umsatz tensidischer Komponenten der Emollientestersynthese auf und konnte auch bei der Herstellung von Myristylmyristat oder PEG-Propylenglykoldioleat nachgewiesen werden [Hilterhaus *et al.*, 2008]. Der stabilisierende Effekt der Siliconbeschichtung gegenüber *Enzymleaching* bei Kontakt mit tensidischen Emollienten wurde in dieser Arbeit am Beispiel von Antil® 141 *liquid* (Evonik Goldschmidt GmbH, Essen) untersucht. Hierbei handelt es sich um ein Gemisch aus Propylenglykol und PEG-55 Propylenglykololeat, dass als Verdickungsmittel mit tensidischen Eigenschaften zu kosmetischen Produkten wie Shampoos und Badezusätzen hinzufügt wird. Abbildung 39 zeigt die prozentualen Restaktivitäten von Novozym 435 und von Novozym 435 mit 50, 52, 54 und 58 % Silicon (A350/B5) nach 45 min Rühren in Antil® 141 bei 45 °C. Die gewählten Testbedingungen des *Enzymleachings* führten zu einem Rückgang der Ausgangsaktivität von Novozym 435 auf 52 %. Demgegenüber verfügte

Novozym 435 mit 50 % Siliconanteil nach dem *Enzymleaching* noch über etwa 80 % seiner Ausgangsaktivität, bei 54 % Siliconanteil bereits über 91,8 % und bei 58 % Siliconanteil sogar über 97 % Restaktivität. Der Anstieg der Leachingstabilität bei 54 % Siliconanteil erklärt sich durch die Ausbildung der äußeren Siliconschicht, die als zusätzliche Schutzschicht das Desorbieren von Enzymen von der Trägeroberfläche nahezu vollständig unterbindet. Diese Ergebnisse verdeutlichen, dass es beim Einsatz von Novozym 435 unter prozessnahen Bedingungen, infolge des Enzymverlusts, zu einer fortschreitenden Abnahme der katalytischen Aktivität kommt. Dies hat aus verfahrenstechnischer Sicht eine drastische Abnahme der Katalysatorstandzeiten zur Konsequenz, was wiederum die Produktivität des Gesamtprozesses negativ beeinflusst. Die deutlichen Steigerungen der Leachingstabilität als Folge der Siliconbeschichtung lassen vermuten, dass die siliconbeschichteten Novozym 435-Partikel unter den nicht ganz so drastischen Prozessbedingungen der Emollientestersynthese wesentliche Erhöhungen der Katalysatorstandzeiten ermöglichen.

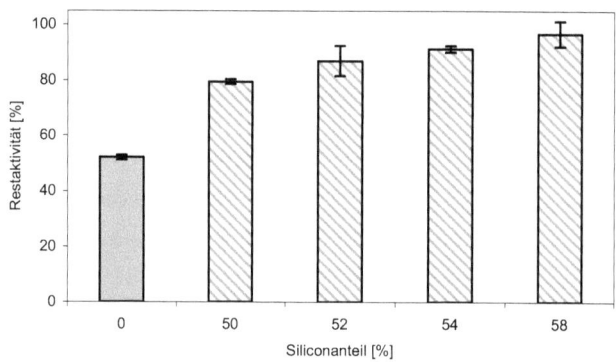

Abbildung 39: Prozentuale Restaktivitäten (PLU) von Novozym 435 und Novozym 435 mit 50, 52, 54 und 58 % Siliconanteil (A100/B5) nach 60 min Rühren in Antil141®.

3.1.8 Technisches Anwendungspotential von siliconbeschichtetem Novozym 435

Die vorangegangenen Kapitel haben eindrucksvoll bestätigt, dass Novozym 435 durch Beschichtung mit Silicon unter Erhalt hoher enzymatischer Aktivität deutlich an Stabilität gegenüber mechanischer Beanspruchung und *Enzymleaching* unter Prozessbedingungen hinzugewinnt. Wie sich das optimierte Novozym 435 mit den idealen Siliconbeschichtungsmengen

(50-54 %, A100/B5) im technischen Prozess im Vergleich zum Novozym 435 ohne Silicon verhält wird gegenwärtig in den Laboren bzw. Produktionsstätten der Evonik Goldschmidt AG (Essen) untersucht. Ein Verfahren von besonderem Interesse ist die lösungsmittelfreie Synthese längerkettiger Emollienten in Blasensäulen- und in Rührwerksreaktoren. In ersten Versuchsreihen zur Herstellung eines tensidischen Esters in einer Blasensäule konnte bereits die Überlegenheit des siliconbeschichteten Novozym 435 demonstriert werden. Diese zeigte sich beim repetitiven Einsatz in Form einer Erhöhung der Katalysatorstandzeit um den Faktor 3,9 (von 8 auf 31 Zyklen). Weiterführende Optimierungen des Beschichtungsverfahrens lassen es realistisch erscheinen, dass bereits in naher Zukunft zusätzliche Steigerungen der Katalysatorstandzeiten erreicht werden, die zur Verbesserung der Prozesswirtschaftlichkeit beitragen.

Für die Wirtschaftlichkeit eines solchen Prozesses auf technischer Ebene ist das Verhältnis der Biokatalysatorkosten in Relation zur Produktivität ($kg_{Produkt}/g_{Biokatalysator}$) ein wichtiger Parameter und sollte denen etablierter chemischer Prozesse entsprechen oder vorzugsweise sogar Kostenersparnisse ermöglichen [Hills, 2003]. Unter der Annahme, dass Novozym 435 ohne zusätzliche Stabilisierung lediglich für 8 Batchansätze wieder verwendet werden könnte, lägen die Kosten für den Biokatalysator in Abhängigkeit der geschätzten Produktkosten für einen typischen längerkettiger Emollientester mit tensidischen Eigenschaften bei etwa 0,4 €/kg $_{Produkt}$ und damit vergleichsweise hoch. Die deutliche Erhöhung der Katalysatorstandzeit auf mindestens 31 Ansätze durch die Stabilisierung mit Silicon reduziert die durchschnittlichen Biokatalysatorkosten im Prozess in diesem Beispiel bereits auf 0,12 €/$kg_{Produkt}$. Weitere Optimierungsmöglichkeiten auf Seiten der Silicone lassen den repetitiven Einsatz für 50 Zyklen realistisch erscheinen – dies würde eine weitere Reduzierung der Biokatalysatorkosten auf 0,07 €/$kg_{Produkt}$ bedeuten. Konkrete Kostenkalkulationen für die Siliconbeschichtung (Silicon, Lösungsmittelverbrauch, Karstedt-Katalysator und Kosten des Beschichtungsprozesses) können gegenwärtig nur schwer abgeschätzt werden. Es ist davon auszugehen, dass die geringen Kosten für den Rohstoff Silicon, aber auch die zusätzlichen Prozesskosten für den Beschichtungsvorgang in Relation zu den im Einkauf hohen Biokatalysatorkosten eher gering sind, so dass sie im oben aufgeführten Beispiel vernachlässigt werden konnten. Demnach kann die im Rahmen dieser Arbeit aufgezeigte Möglichkeit zur Stabilisierung von Novozym 435 durch Beschichtung mit Silicon als ein Paradebeispiel für eine gelungene Optimierung eines bio-katalysierten und nachhaltigen Prozesses angesehen werden.

3.2 Entwicklung eines technischen Verfahrens zur Beschichtung von Novozym 435 mit Silicon

Das in Kapitel 3.1.2 beschriebene Standardverfahren zur Beschichtung der Partikel mit Silicon wurde für den Labormaßstab entwickelt und ist in dieser Form nicht problemlos *Scale-up*-fähig, d.h. auf industrielle Produktionsmaßstäbe übertragbar. Zudem benötigt das bisherige Verfahren zur Beschichtung der Partikel mit Silicon in dieser Form vergleichsweise große Mengen an toxischen organischen Lösungsmitteln, wie bspw. Cyclohexan, Methylcyclohexan oder Toluol. Dies ist schon allein aus sicherheitstechnischen Gründen (Ex-Gefahr) ein Problem beim *Scale-up* der Methode. Zusätzlich erschwert eine neue VOC-Richtlinie (VOC: *volatile organic compounds*) der EU die Handhabung solch flüchtiger organischer Verbindungen [Richtlinie 1999/13 EG des Rates; Tufvesson et al., 2007]. Seitdem müssen bestehende und neue Anlagen die Auflagen dieser Richtlinie erfüllen. Die Berücksichtung dieser sicherheits- und gesundheitsrelevanten Faktoren beim Umgang mit organischen Lösungsmitteln kann schnell zum Kostentreiber werden. Es ist davon auszugehen, dass zukünftig vermehrt Beschichtungssysteme, die ohne Lösungsmittel oder auf Wasserbasis durchgeführt werden können, deutlich an Bedeutung gewinnen werden [Fehringer, 2008]. Aus diesen Gründen sollte bei den nachfolgenden Arbeiten zur Entwicklung eines technischen Silicon-Beschichtungsprozesses nach Möglichkeit der Anteil an organischen Lösungsmitteln reduziert oder vorzugsweise ganz vermieden werden.

Insofern galt es, ein technisches und *Scale-up*-fähiges Verfahren zur Beschichtung makroporöser Enzymimmobilisate am Beispiel von Novozym 435 zu entwickeln, bei dem vorzugsweise auf die Verwendung organischer Lösungsmittel wie Cyclohexan verzichtet werden kann. Dazu wurden drei verschiedene Methoden untersucht und teilweise weiterentwickelt. Hierbei war von besonderem Interesse eine möglichst homogene Beschichtung der Partikel zu bewerkstelligen. Im Rahmen dieser Arbeit wurde eine Variante des *Dip-Coatings*, die Beschichtung im Pelletierteller und die Beschichtung im Wirbelschichtcoater untersucht. Die Ergebnisse der Untersuchungen sind den nachfolgenden Kapiteln zu entnehmen.

3.2.1 *Dip-Coating*

Als *Dip-Coating* oder Tauchbeschichtungsverfahren werden Verfahren bezeichnet, bei denen Trägermaterialien in flüssige Beschichtungsmedien getaucht werden [Fehringer, 2008]. Dabei besteht der allgemeine Beschichtungsprozess aus drei einfachen Phasen: In Phase 1 wird das Trägermaterial in die Beschichtungslösung eingetaucht, in Phase 2, der sog. Ruhephase, wird das Trägermaterial für einen definierten Zeitraum in der Beschichtungslösung inkubiert, um dann in der 3. und letzen Phase wieder aus der Lösung herausgezogen zu werden (Abbildung 40). Oft schließen sich der 3. Phase noch Nachbehandlungsschritte an, die dazu dienen können eventuelle Lösungsmittelrückstände zu entfernen und/oder thermische Härtungen durchzuführen.

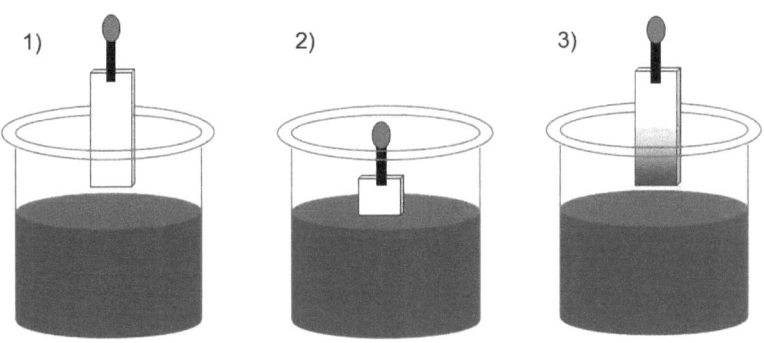

Abbildung 40: Einfache Darstellung eines *Dip-Coating*-Verfahrens zur Beschichtung von Trägermaterialien.

Ein klarer Vorteil des *Dip-Coating*-Verfahrens zum Beschichten von Oberflächen liegt in seiner Einfachheit und in der guten Prozesskontrolle. So lassen sich beispielsweise die Schichtdicken durch Variation der Eigenschaften der Beschichtungslösung, wie bspw. der Viskositäten, der Eintauchzeiten sowie der Anzahl der Eintauchzyklen gezielt steuern. Ein klassisches und sehr erfolgreiches Anwendungsbeispiel für ein industrialisiertes *Dip-Coating*-Verfahren ist die Beschichtung von Gläsern via Sol-Gel-Technologie zur Reflexbeschichtung von Fensterglas [Dislich und Hussmann, 1981]. Der Begriff des „Dip-Coating" taucht in diesem Kontext häufig mit Sol-Gel-Prozessen auf, da es hier zur Generierung anorganischer Schichten auf planen und zylinderförmigen Flächen zum Einsatz kommt [Malochkin *et al.*, 2004]. Es wird zudem in zahlreichen weiteren Industriezweigen eingesetzt, wie z.B. zum Aufbringen von Glasurschichten auf Metallteilen oder beim Gummieren von Werkzeuggriffen. Bei der hier verwendeten modifizierten *Dip-Coating*-Methode wurden die Partikel, wie in Abbildung 41 gezeigt und nachfolgend beispielhaft beschrieben, mit Silicon beschichtet: 400 mg Novozym 435 wurden in einem kugelförmigen Edelstahlsieb (4,5 cm im Durchmesser) für unterschiedliche Zeiträume von minimal 1-2 s bis hin zu mehreren Minuten in eine gerührte Siliconmischung getaucht (Abbildung

41/1). Die Siliconmischung bestand dabei aus einer lösungsmittelfreien äquimolaren Mischung aus einem Divinylsiloxan (A-Komponente) und einem SiH-Siloxan (B-Komponente), wobei auch hier das Divinylsiloxan vorzugsweise mit einem 10%igen Überschuss eingesetzt wurde. Nach entsprechender Eintauchzeit wurde das Sieb mit den Partikeln aus der Siliconmischung entfernt und für 1-2 min abgetropft (Abbildung 41/2). Die Partikel wurden dann kurz in eine 5:1 mit Xylen verdünnte Karstedt-Katalysatorlösung eingetaucht (Abbildung 41/3), erneut zum Abtropfen aus der Lösung entfernt (Abbildung 41/4) und bei RT für 3-4 h bis zum vollständigen Aushärten gelagert. Die Schritte 3 und 4 waren notwendig, da die direkte Zugabe des [Pt]-Katalysators in die Mischung der Siliconmonomere dazu geführt hätte, dass diese innerhalb kurzer Zeit vollständig im Gefäß polymerisierten. Auf Prozessebene würde diese Methode zum Verlust großer Mengen des Rohstoffs Silicon führen und Schwierigkeiten beim Entfernen ausgehärteter Siliconrückstände verursachen. Um diesen Vorgang zu verlangsamen, oder falls möglich vollständig zu unterbinden, wurde die Prozesstemperatur in Schritt 1 von Raumtemperatur auf 4 °C gesenkt. Die Geschwindigkeit der Hydrosilylierungsreaktion konnte dadurch lediglich geringfügig verlangsamt werden und die Polymerisation der Siliconmonomere nicht verhindern.

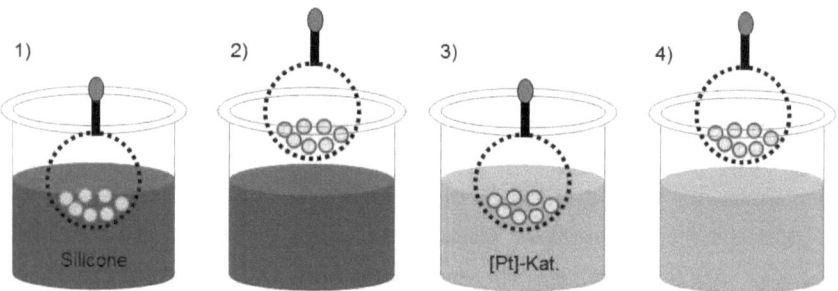

Abbildung 41: Modifiziertes *Dip-Coating*-Verfahren zur Beschichtung von Novozym 435 mit Silicon. 1) Eintauchen der Partikel in das Silicongemisch 2) Abtropfen von überschüssigem Silicon 3) Eintauchen der Partikel in verdünnte [Pt]-Katalysator-Lösung 4) Trocknen und Aushärten der beschichteten Partikel bei 50 °C.

Genauere Untersuchungen der im *Dip-Coating*-Verfahren beschichteten Partikel zeigten, dass die erreichten Aktivitäten und Stabilitäten in der gleichen Größenordnung lagen, wie bei den Partikeln, die nach der „Labormethode" (vgl. 2.2.1) beschichtet wurden. Zudem konnte über EDX-Messungen bestätigt werden, dass das Silicon auch bei dieser lösungsmittelfreien Methode das gesamte Porennetzwerk durchdringt (Daten nicht gezeigt). Auch die Ansätze, die nur für wenige Sekunden in die Siliconmischung eingetaucht wurden, waren vollständig vom Siliconpolymer durchdrungen.

Die Ergebnisse haben gezeigt, dass diese Methode grundlegend zur Beschichtung der Partikel mit Silicon geeignet ist. Als insgesamt problematisch an dieser Methode erwies sich jedoch, dass die Menge an Silicon, die auf die Partikel aufgebracht wird, schwer steuerbar war. Dabei lagen die Siliconanteile mit 55-75 % insgesamt sehr hoch, insbesondere da die Optimierungen der Beschichtungsmethode auf Labormaßstab zeigten, dass Siliconanteile von 50-54 % eine sehr gute Balance zwischen Stabilität und Aktivität erlauben, und höhere Siliconanteile zur Agglomeration der Partikel führen. Auch eine Verringerung der Eintauchzeiten auf wenige Sekunden resultierte nicht in der erwarteten Verringerung der Siliconanteile. Lediglich die Erhöhung des Verdünnungsfaktors der Karstedt-Katalysator-Xylen-Lösung von 1:5 auf 1:10, 1:20 bzw. 1:30 bedingte eine deutliche Verringerung der aufgebrachten Siliconanteile auf 15-30 %. Scheinbar führt die weitere Verdünnung der Katalysatorlösung dazu, dass insgesamt zu wenig Katalysator im System war, um die Hydrosilylierung ausreichend zu katalysieren. Dies wiederum würde dazu führen, dass überschüssige Siliconmonomere von den Partikeln abtropfen und so die absoluten Beschichtungsmengen reduzieren.

Im Rahmen weiterer Experimente wurde versucht, durch Variation der Eintauchzeiten, der Zusammensetzung der Siliconkomponenten sowie durch Veränderungen in der Zugabe des Katalysators systematisch das Beschichtungsergebnis zu optimieren. Dabei wird auch an dieser Stelle auf die Darstellung einzelner Resultate verzichtet und lediglich auf allgemeine Trends bzw. Verhaltensweisen, die hier beobachtet werden konnten, eingegangen. So fiel bspw. auf, dass die Beschichtungsmenge von der Länge und damit der Viskosität, der Siliconmonomere abhing – während das im direkten Vergleich eher geringviskose Monomergemisch A100/B5 bei gleicher Eintauch- und Abtropfdauer nach der Beschichtung 58 % Siliconanteil aufwies, führte die gleiche Methode unter Verwendung der zunehmend viskoseren Monomere A200/B5 zu 65 % und bei A350/B5 zu 67 % Siliconanteil. Dies ist darauf zurückzuführen, dass die viskoseren Monomereinheiten langsamer aus dem Porennetzwerk und von der Partikeloberfläche abtropfen und dabei einen längeren Zeitraum zur Polymerisation haben. Problematisch für eine angestrebte technische Nutzung ist hierbei die starke Neigung der Partikel Agglomerate auszubilden, die eine schlechte Handhabung und geringere Aktivitäten aufgrund von Massentransferlimitierungen bedingen. Darüber hinaus konnte nicht abschließend geklärt werden, ob die Siliconmonomere im Partikelinneren auch vollständig polymerisieren. Da die Eignung diese Methode als Basis für ein technisches Beschichtungsverfahren aufgrund geringer Reproduzierbarkeit und genannter prozesstechnischer Schwierigkeiten eher ungeeignet scheint, wurden keine weiteren Versuche zur Optimierung dieser Methode vorgenommen und alternative verfahrenstechnische Lösungen gesucht.

3.2.2 Beschichtung im Pelletierteller

Pelletierteller werden hauptsächlich zum Aufbau gleichmäßiger Pellets aus pulverförmigen bis feinkörnigen Ausgangsmaterialien in der Bau- und Holzindustrie oder zur Beschichtung runder Partikel in der Pharma- und Lebensmittelindustrie genutzt. Originäre Anwendungen des Pelletiertellers liegen bspw. in der Kornvergröberung von feinkörnigen Rohstoffen in der Erzaufbereitung und Zementindustrie [Gründer und Hildenbrand, 1961]. In dieser Arbeit wurde eine Pelletiertellereinheit GTE der Firma Erweka (s. Abbildung 42) eingesetzt, um Novozym 435 mit Silicon zu beschichten. Der Durchmesser des drehbar gelagerten Pelletiertellers betrug 30 cm und war stufenlos in der Neigung zwischen 0 und 75° verstellbar. Über die Schrägstellung des Tellers lässt sich bspw. die Größe von Granulaten steuern, die bei Erreichung einer bestimmten Größe vom Tellerrand in ein Sammelbehältnis fallen [Gründer und Hildenbrand, 1961]. Das Universalgetriebe ermöglicht es, die Tellereinheit in unterschiedlichen Geschwindigkeiten zu drehen. Diese Drehbewegung transportiert das vorgelegte Material kontinuierlich nach oben, von wo es entweder aufgrund der Schwerkraft oder durch den fixierten Abstreifer wieder nach unten befördert wird. Die Feuchtigkeit, die Tellerneigung, die Art der Rohgutzugabe und die Kornzusammensetzung sind Faktoren, die beim Pelletiervorgang einen wesentlichen Einfluss auf die Beschaffenheit der Pellets haben.

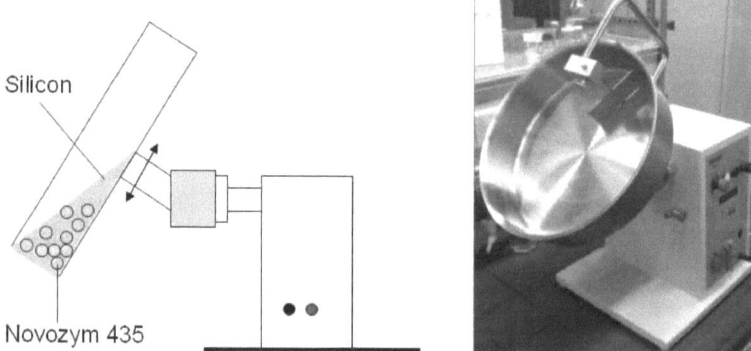

Abbildung 42: (links) Beschichtungsprozess von Novozym 435 mit Silicon im Pelletiertellers; (rechts) Pelletierteller GTE (Fa. Erweka).

Zur Beschichtung der Partikel mit Silicon im Pelletierteller wurden unterschiedliche Verfahrensweisen untersucht. Da die Beschichtung von Partikeln im Pelletierteller auf einer kontinuierlichen Bewegung der Partikel auf dem Teller basiert, war die direkte Zugabe der Siliconmonomere aufgrund der hohen Viskosität und des geringen Eigengewichtes von Novozym 435-Partikeln nicht möglich. Dies führte umgehend zum Verkleben der Partikel untereinander, am Abstreifer und auf der Telleroberfläche (Abbildung 43).

Abbildung 43: Aufsicht Pelletierteller während der Beschichtung von Novozym 435 mit Silicon (A100/B5).

Infolgedessen wurden die Monomere in Anlehnung an das Laborverfahren in Cyclohexan oder Methylcyclohexan gelöst appliziert. Zur Beschichtung wurden 10-50 g Novozym 435 mit der entsprechenden Menge Silicon vermengt und in den Pelletierteller überführt. Das Gemisch aus Silicon und Novozym 435 wurde dann für 3 h im Pelletierteller in einem Winkel von 45° bei 50 U/min durchmischt. Da sich nach Abdampfen der Lösungsmittelphase die Viskosität wieder erhöhte, kam es erneut zum Verkleben der Partikel untereinander, auf der Telleroberfläche und am Abstreifer.

Um die beschriebenen Probleme zu umgehen und eine lösungsmittelfreie Variante zur Applikation der Silicone zu entwickeln, wurde die Eignung einer Zweistoffdüse zur Generierung feiner Polymertröpfchen untersucht. Auf diese Weise sollte vermieden werden, dass die Zugabe der kompletten Siliconmenge in einem Verfahrensschritt die Bildung von Agglomeraten forciert. Dazu wurde eine Zweistoffdüse (Typ 970/5) der Firma Düsen-Schlick verwendet. Dieses Modell verfügt über eine skalierte Flüssigkeitsmengen-Reguliernadel, mit deren Hilfe die Durchsatzmengen gezielt gesteuert werden können. Minimale Durchsätze liegen laut Herstellerangaben bei 28 mL/h und maximal mögliche bei 30 L/h. Die Zerstäubungsart lässt sich als sehr feiner Tröpfchennebel beschreiben, wobei Tröpfchendurchmesser unterhalb von 10 µm realisierbar sind wobei das mit

Überdruck eingespeiste Gas mit Schallgeschwindigkeit aus dem Ringraum austritt und dabei die Polymerlösung mit sich reißt und fein verstäubt. Um die Siliconmonomerlösung zur Düse zu fördern wurde eine Peristaltikpumpe verwendet. Als Schlauchmaterial wurde Marpren verwendet, da dieses als inertes, thermoplastisches Elastomer für Silicone undurchlässig ist und bei Dauerbetrieb nicht aufweicht. Aufgrund der hohen Viskositäten der Siliconmonomere wurden Schläuche mit großem Wanddurchmesser bei geringem Innendurchmesser verwendet. Die Applikation der Siliconmonomere in Gegenwart des Karstedt-Katalysators hätte vermutlich innerhalb kurzer Zeit zur Folge, dass die wachsenden Polymerketten die Düse sowie den Schlauch zusetzen und blockieren. Daher wurde eine alternative Variante zum Einbringen des Karstedt-Katalysators entwickelt, die ggf. auch für die Nutzung in alternativen Beschichtungsverfahren, wie bspw. im nachfolgend beschriebenen *Wirbelschichtcoating*, prozessrelevante Vorteile bringen könnte. Die dieser Entwicklung zugrunde liegende Intention war es, den Katalysator bereits vor dem eigentlichen Silicon-Beschichtungsschritt auf der Partikeloberfläche, inklusive aller Kavitäten des makroporösen Partikels, vorzulegen. Das hätte zur Folge, dass die Hydrosilylierungsreaktion erst bei Kontakt der Siliconmonomere mit den Novozym 435-Partikeln initiiert würde. Aus diesem Grund wurden die Partikel vorab mit einem flüchtigen organischen Lösungsmittel (wie Toluol oder n-Hexan), das den Katalysator (SYL-OFF® 4000) enthielt, besprüht und bei RT bis zum vollständigen Verdampfen des Lösungsmittels getrocknet. Die so behandelten Novozym 435-Partikel wurden dann unter Verwendung der Zweistoffdüse mit dem fein vernebelten Siliconpolymer besprüht. Abbildung 44 zeigt den Versuchsaufbau zur Kombination der Beschichtung im Pelletierteller mit der Zweistoffdüse. Die Konsistenz der so beschichteten Partikel lässt vermuten, dass die vorgelegte Menge an Karstedt-Katalysator tatsächlich ausreichend war, die Hydrosilylierung auf der gesamten Partikeloberfläche zu katalysieren. Alternativ konnte auch zuerst das Silicon auf die Partikel aufgesprüht werden und direkt im Anschluss der Katalysator über eine Spritzflasche fein zerstäubt auf die Partikel gesprüht werden. Allerdings konnte das Beschichtungsresultat auch durch die Verwendung der Zweistoffdüse nicht wesentlich verbessert werden: Die Partikel verklebten ebenfalls sehr schnell bei Zugabe des Silicons.

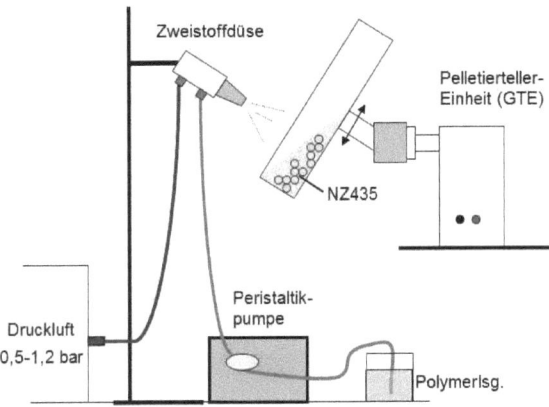

Abbildung 44: Methode zur Beschichtung von Novozym 435 mit Silicon im Pelletierteller unter Verwendung einer Zwei-Stoff-Düse.

Diese Ergebnisse lassen den Schluss zu, dass eine direkte Beschichtung von Novozym 435 mit Silicon unter den gewählten Bedingungen im Pelletierteller nicht möglich ist. Besonders problematisch scheint hierbei die geringe Dichte und das geringe spezifische Gewicht der Novozym 435-Partikel, die das zur Erreichung homogener Beschichtungen notwendige gravitationsbedingte Herabrollen der Partikel über die Tellerschräge nahezu unmöglich machen. Es ist aber denkbar, dass größere Partikel oder Partikel mit höherem spezifischem Gewicht für die Beschichtung mit Silicon in Frage kommen. Der Einsatz größerer Enzym-beladener Partikel erscheint aufgrund von zu erwartenden Massentransferlimitierungen (Porenverarmungseffekt bzw. schlechte Porennutzungsgrade) als eher ungeeignet. Diese Fragestellungen sollten in zukünftigen Arbeiten eingehender untersucht und geklärt werden. Hier konnte aber demonstriert werden, dass es prinzipiell möglich ist die viskosen Siliconmonomere erfolgreich unter Verwendung einer Zweistoffdüse zu zerstäuben und dass die Katalysatorzugabe vor oder nach dem eigentlichen Siliconbeschichtungsschritt durchgeführt werden kann. Auf Basis dieser Erkenntnisse erscheint der Einsatz von *Wirbelschichtcoating*-Verfahren zur Beschichtung poröser Enzymimmobilisate mit Siliconpolymeren eine besonders aussichtsreiche Methode zu sein.

3.2.3 Beschichtung im Wirbelschichtverfahren

Da die Vorarbeiten zur Beschichtung im Pelletierteller zeigten, dass eine effektive Zerstäubung der viskosen Siliconmonomere mittels Zweistoffdüse möglich ist, wurde nachfolgend die Beschichtung im Wirbelschichtreaktor untersucht. Zum besseren Verständnis werden vorab einige theoretische Grundlagen zur Wirbelschicht und zu den gängigen Beschichtungsmöglichkeiten im Wirbelschichtverfahren erläuternd dargestellt.

3.2.3.1 Theoretische Grundlagen zur Beschichtung im Wirbelschichtverfahren

Als Wirbelschicht oder auch Wirbelbett werden Partikelschüttungen bezeichnet, die von einem aufwärts gerichteten Fluid- bzw. Gasstrom über eine definierte Wegstrecke mitgerissen und so aufgelockert werden. Partikelschüttungen, die diesen Zustand durchlaufen, werden als fluidisiert bezeichnet, da ihre Eigenschaften denen von Flüssigkeiten stark ähneln. Abbildung 45 (links) zeigt, dass die Partikel vor dem Anlegen des Gasstromes auf dem Bodensieb des Wirbelschichtreaktors liegen. Erst mit steigenden Gasgeschwindigkeiten wird die Gewichtskraft der Partikel überwunden, so dass diese eine entsprechende Beweglichkeit erlangen und das Schüttgut expandiert bzw. fluidisiert (Abbildung 45 (rechts)). Neben der Geschwindigkeit des Fluidstroms hängt die Ausbildung einer Wirbelschicht auch stark von den jeweiligen Partikeleigenschaften des zu fluidisierenden Schüttguts ab [Teunou und Poncelet, 2002].

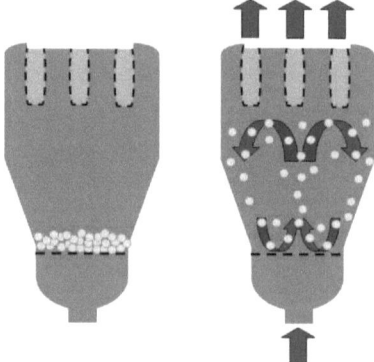

Abbildung 45:. Schematische Querschnitte durch einen Wirbelschichtreaktor, **(links)** vor Anlegen eines Prozessluftstromes: Das Partikelschüttgut (Kügelchen) liegt auf dem siebartigen Anströmboden (gestrichelte schwarze Linie); **(rechts)** nach Anlegen eines Prozessluftstroms im Zustand einer kontinuierlichen Verwirbelung.

Klassische Wirbelschichtprozesse werden aufgrund guter Wärmeübergänge, kurzer Trocknungszeiten und homogener Wärmeprofile im Reaktor als Methode zur schonenden Trocknung von empfindlichen Produkten in industriellen Prozessen der Chemie, Pharmazie und Lebensmitteltechnologie eingesetzt [Frey, 2005]. Durch den Einsatz von Düsen, über die

Bindemittel eingesprüht werden, können Wirbelschichtreaktoren auch zum Granulieren pulvriger Partikel verwendet werden. Neben diesen beiden Anwendungen ist aber das *Wirbelschichtcoating* im Rahmen dieser Arbeit von besonderem Interesse. In klassischen *Coating*-Prozessen werden die Partikel, wie in der Abbildung 46 gezeigt, mit einer Beschichtungslösung besprüht. Die sukzessive auf der Partikeloberfläche haften bleibenden Tröpfchen der *Coating*-Lösung koaleszieren im Laufe des Prozesses und führen zur Ausbildung homogener Schichten. Die Prozessluft bewirkt ein schnelles Trocknen des aufgebrachten Beschichtungsfilmes und ermöglicht so die Herstellung homogener Schichten und die Ausbildung definierter *Core-Shell*-Strukturen. Das schnelle Trocknen verhindert zudem ein Agglomerieren der benetzten Partikel untereinander und mit der Reaktorinnenwandung, was beim *Coating*, anders als beim Granulieren, kontraproduktiv ist. Klassische Anwendungsbereiche des *Wirbelschichtcoatings* liegen in der Lebensmitteltechnologie bspw. zur Veränderung von Optik, Geschmack und Geruch [Kenz *et al.*, 2003] sowie in der Pharmaindustrie u.a. zur Stabilisierung von Medikamenten gegenüber mechanischer Beanspruchung und detrimentalen Effekten des Speichels und der Magensäure [Cole *et al.*, 1995].

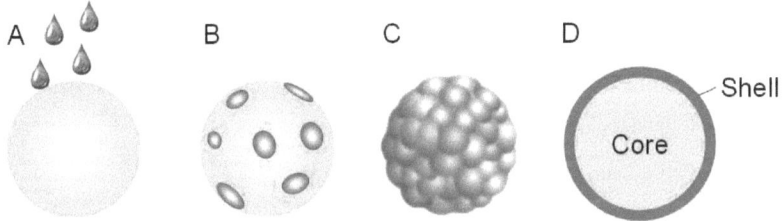

Abbildung 46: *Wirbelschichtcoating*; A) Einsprühen des flüssigen *Coatingmaterials*, B) Benetzen der Partikeloberfläche mit *Coatingmaterial*, C) Vollständig mit erstarrter Beschichtungslösung benetzter Partikel, D) Querschnitt durch einen fertig gecoateten Partikel mit definierter *Core-Shell*-Struktur.

Teunou und Poncelet (2002) beschreiben vier verschiedene Reaktortypen für das *Wirbelschichtcoating*, von denen hier nur auf die drei Varianten, die in Abbildung 47 gezeigt werden, näher eingegangen werden soll. Variante A wird als *Top-Spray*- oder *Top-down*-Verfahren bezeichnet, da die Zweistoffdüse oberhalb des Schüttgutes platziert ist. Diese Variante gilt als die älteste und zugleich einfachste *Coating*-Methode. Hier kommt es aber aufgrund unzureichender Durchmischungen und langer Wegstrecken, die das Beschichtungsmaterial vom Düsenausgang zum Partikel überwinden muss, zu tendenziell unregelmäßigen Beschichtungen. Bessere Beschichtungsresultate lassen sich durch Verwendung der Variante B, des *Bottom-up*-Verfahrens, erreichen, wobei die Düse im unteren Reaktorteil im Bereich des Anströmbodens platziert ist. Dies ermöglicht ein Einsprühen der Beschichtungslösung in Richtung des Fluidisationsstromes – Partikel und Beschichtungslösung beschleunigen dadurch in dieselbe Richtung und verkürzen damit die Wegstrecke zwischen Partikel und Tropfen [Dybdahl Hede, 2006]. Auch wenn durch diese Methode bereits bessere *Coating*-Resultate als im *Top-down*-Verfahren erreicht werden, bleibt ein elementares Problem bestehen: Die räumliche Nähe der benetzten Partikel untereinander begünstigt die Bildung von Agglomeraten [Teunou und Poncelet, 2002]. Erst durch den Einbau eines sogenannten Wursterrohres in den Produktbehälter, in dessen Inneres die Beschichtungslösung eingedüst wird und durch das die Partikel geströmt werden, sind homogene *Coatings* möglich. Dabei ist das Wursterrohr, wie in der Abbildung 47/C gezeigt, als höhenverstellbares Steigrohr mittig im Produktbereich des Reaktors platziert. Die Partikel werden im unteren Teil des Wursterrohres direkt mit Beschichtungslösung benetzt und mit Hilfe des Fluidisationsstromes mit hoher Geschwindigkeit nach oben beschleunigt. Nach Verlassen des Wursterrohres und bei Eintritt in die sogenannte Entspannungszone verlieren sie an Geschwindigkeit und fallen im peripheren Reaktorteil zurück zum Anströmboden, bevor sie diesen Zyklus erneut durchlaufen. Dadurch besteht eine relativ lange Zeitspanne, um ein Abtrocknen der benetzten Partikel zu gewährleisten, bevor diese in direkten Kontakt zu anderen Partikeln kommen. Aufgrund der genannten Vorteile wurde das Wurster-Verfahren zur Beschichtung von Novozym 435 mit Silicon ausgewählt, da es so möglich zu sein scheint ein schnelles Agglomerieren der mit Silicontropfen benetzten Partikel am effektivsten zu verhindern.

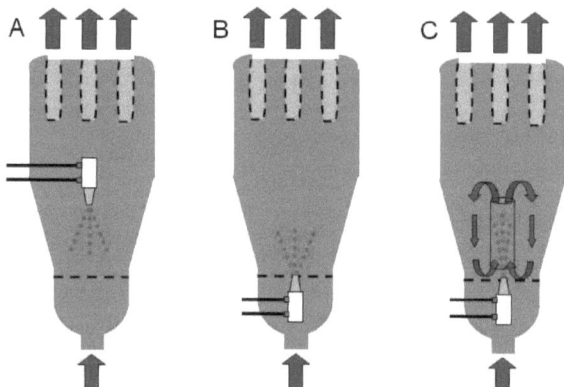

Abbildung 47: Aufbau typischer *Wirbelschichtcoating*-Verfahren nach Teunou und Poncelet (2002), A) *Top-down*-Verfahren, B) *Bottom-up*-Verfahren und C) Wurster-Verfahren (Pfeile: Richtung des Gasstroms, Punkte: zerstäubte Beschichtungslösung, schwarze gestrichelte Linie: Anströmboden bzw. Abluftfilter).

3.2.3.2 Beschichtungsprozess im Wirbelschichtverfahren

Im Rahmen dieser Arbeit wurde zur Durchführung der Experimente der Wirbelschichtcoater MiniGlatt der Firma Glatt (Binzen) verwendet. Dieses Modell ist für die Beschichtung von Partikeln im Labormaßstab gut geeignet, da es die Herstellung von 20-200 g-Chargen erlaubt und zudem die Möglichkeit bietet, die Zweistoffdüse variabel im *Top-down-* oder Wurster-Verfahren einzusetzen. Als Fluidisationsgas wurde Raumluft verwendet, die über einen externen Kompressor auf die notwendigen Betriebsdrücke von bis zu 10 bar komprimiert wurde. Abbildung 48 zeigt den Wirbelschichtreaktor, bestehend aus Produktbehälter, Entspannungszone und Filtergehäuse. Das Silicon wurde im Beschichtungsprozess als Monomermischung über eine Peristaltikpumpe durch Marprenschläuche (Watson-Marlow, England) zur Zweistoffdüse gefördert und als feiner Tröpfchennebel ins Reaktorinnere eingedüst. Über die Förderrate der Pumpe wurde die Menge Silicon pro Zeit dosiert, wobei die tatsächlich hinzugefügte Siliconmenge über die Gewichtsabnahme des Reservoirgefäßes mittels digitaler Waage quantifiziert wurde. Aufgrund der insgesamt hohen Aktivitäten und Stabilitäten von Novozym 435 mit dem Siliconsystem A100/B5 (vgl. Kapitel 3.1.5, 3.1.6 und 3.1.7), sowie der vergleichsweise geringen Viskosität von 50-150 mPa/s dieser Monomerenkombination wurden alle weiteren Beschichtungsversuche ebenfalls unter Verwendung dieses Siliconsystems durchgeführt.

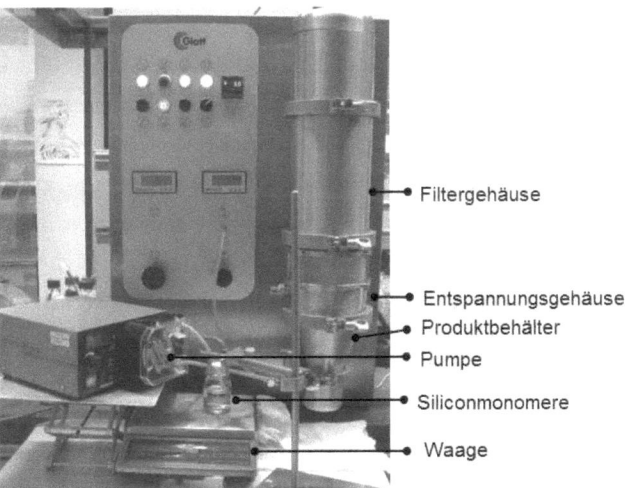

Abbildung 48: Aufbau des Wirbelschichtreaktor MiniGlatt der Firma Glatt (Binzen) zur Beschichtung von Novozym 435 mit Silicon.

Probleme durch elektrostatische Partikelaufladungen:
Elektrostatische Aufladungen sind ein bekanntes Problem in vielen Wirbelschichtprozessen [Murtomaa et al., 2003]. In Wirbelschichten entstehen elektrostatische Aufladungen durch Reibung isolierter Partikel untereinander, die mit einer Ladungstrennung einhergehen. Sofern das Partikelmaterial selbst über isolierende Eigenschaften verfügt, kann es die Ladung nicht eigenständig ableiten und wird infolgedessen als „statisch" bezeichnet. Die auf diese Weise aufgeladenen Partikel haben eine hohe Tendenz, an Oberflächen anzuhaften, an denen sie ihre Ladung ableiten können – dies sind in Wirbelschichtprozessen typischerweise die Reaktorinnenwandung, das Wursterrohr oder die Partikelfilter. In extremen Fällen kann es in Prozessen, in denen explosive Mischungen aus brennbaren Stoffen (bspw. organische Lösungsmittel und Luftsauerstoff) zum Einsatz kommen, durch schlagartige Entladungen zu Explosionen kommen [Kutz und Wolf, 2007].

Erste Untersuchungen belegten die Vermutung, dass sich Novozym 435 im Wirbelschichtbetrieb innerhalb kurzer Zeiträume sehr stark elektrostatisch auflädt. Als Konsequenz der statischen Aufladung zeigten die Partikel eine große Affinität zum Anhaften (und langsamen Entladen) an der Reaktorinnenwandung, der Borosilikatscheibe (Abbildung 49/B) und den Metallfiltereinheiten (Abbildung 49/C) sowie insbesondere an der Außenwand des Wursterrohres (Abbildung 49/A). Dies ist ein großes Problem, da die Partikel so dem Wirbelbettprozess ganz oder teilweise entzogen werden. Zur Verringerung der statischen Aufladung wurde ein kommerzielles und auf einer Lösung einer leitfähigen organischen Flüssigkeit in Isopropanol basierendes Antistatikmittel (Antistatik 100) eingesetzt. Dazu wurden die Reaktorinnenwandungen und insbesondere das Wursterrohr innen und außen mit dem Antistatikspray besprüht. Diese einfache Maßnahme konnte das Problem der statischen Aufladung bereits größtenteils beheben. Eine weitere einfache Möglichkeit, die statische Aufladung von Partikeln in großtechnischen Wirbelschichtreaktoren zu verhindern bzw. stark zu vermindern, ist die gezielte Anfeuchtung der Prozessluft [Murtooma et al., 2003]. Dies hat zur Folge, dass sich die Leitfähigkeit der Prozessluft erhöht und so ermöglicht wird, dass die Partikel ihre Ladungen wieder abgeben können. Allerdings hat die Prozessluftfeuchte auch einen starken Einfluss auf das Beschichtungsergebnis, da zu hohe Luftfeuchtigkeiten durch Übernässung das Agglomerieren von Partikeln im Wirbelbett begünstigen [Dybdahl Hede, 2006]. Die Gegenwart von Wasser stellt für den angestrebten Beschichtungsprozess unter Verwendung hydrophober Siliconkomponenten ein besonderes Problem dar und würde wahrscheinlich das Eindringen und Spreiten der Silicone auf der hydrophoben Trägeroberfläche erschweren. Aufgrund dessen wurde in dieser Arbeit auf ein Anfeuchten der Prozessluft verzichtet.

Abbildung 49: Statische Aufladung von Novozym 435 im Wirbelschichtreaktor: A) Produktbehälter mit Wursterrohr, B) Blick in den Reaktor durch das Borosilikat-Sichtfenster und C) ausgebaute Metallfiltereinheit.

Vermutlich ist der Effekt der statischen Aufladung der Grund für die vergleichsweise inhomogenen Beschichtungsresultate. Ein Teil der besonders stark aufgeladenen Partikel haftet an den Reaktorinnenwandungen und wird dem *Wirbelschichtcoating* entzogen. Ferner konnte beobachtet werden, dass die permanente Einspeisung von Silicon in den Reaktor den Grad der statischen Aufladung mit zunehmender Prozessdauer verringerte. Folglich entladen sich die Partikel graduell und fallen zum Ende des Beschichtungsprozesses in das Wirbelbett zurück. In der kurzen noch ausstehenden Prozessdauer können sie aber nur noch ungenügend mit Silicon beschichtet werden, was sich dann in Form inhomogener Beschichtungsergebnisse widerspiegelt.

Das Problem der Zugabe des Karstedt-Katalysators zu den Siliconmonomeren:

Die Zugabe der Siliconmonomere stellte in diesem Zusammenhang eine besondere Herausforderung dar. In klassischen Prozessen werden Benetzungslösungen verwendet, die nach der Zugabe über die Zweistoffdüse durch einfachen Entzug der Flüssigphase (meist Wasser oder Ethanol) durch den temperierten Prozessluftstrom aushärten. Die Silicone benötigen aber zum Aushärten zusätzlich einen Katalysator (Karstedt-Katalysator), der die Hydrosilylierungsreaktion katalysiert. Wenn man den Karstedt-Katalysator bereits vorm Eindüsen zum Monomergemisch hinzufügt, würden die Silicone innerhalb weniger Minuten vollständig aushärten und so das Schlauchsystem bis hin zur Düse verstopfen. Um dies zu vermeiden, wurde der Karstedt-Katalysator auf Basis der Erkenntnisse zur Beschichtung im Pelletierteller (Kapitel 3.2.2) vor dem Prozess direkt auf die Novozym 435-Partikel aufgebracht. Dazu wurde eine definierte Menge der Partikel in einer definierten Lösung aus Karstedt-Katalysator und org. Lösungsmittel (bspw. Cyclohexan) inkubiert, so dass nach Abdampfen der volatilen Lösungsmittelkomponente 10-100 ppm des organomodifizierten Platinkatalysators auf der Partikeloberfläche zurück blieb. Es konnte im Rahmen dieser Arbeit qualitativ gezeigt werden, dass die so mit Karstedt-Katalysator vorbehandelten Novozym 435 Partikel via *Wirbelschichtcoating* erfolgreich mit den Siliconkomponenten A100/B5 beschichtet werden konnten.

Die Prozessluft (Anströmgeschwindigkeit, Prozessdruck und Temperatur):
Ein wichtiger und gut steuerbarer Parameter, der im Rahmen dieser Arbeit optimiert wurde, ist die Anströmgeschwindigkeit der Prozessluft. Erst bei bestimmten Geschwindigkeiten (Eingangsdrücken) kann ein stabiles Wirbelbett entstehen, wobei zu hohe Strömungsgeschwindigkeiten ein Austragen der Partikel verursachen. Es konnte gezeigt werden, dass bei konstantem Eingangsdruck von 6 bar durch den Kompressor maximale Prozessdrücke von 0,8 bar möglich waren. Für die in dieser Arbeit eingesetzten Novozym 435 Schüttgutmengen von 30 g waren zu Beginn der Beschichtung, d.h. vor Zugabe des Silicons, Prozessdrücke von 0,1-0,12 bar erforderlich, um eine vollständige Partikelfluidisierung zu erreichen, ohne diese dadurch auszutragen. Da sich im laufenden Beschichtungsprozess durch Zugabe des Silicons die Partikeleigenschaften verändern (spezifische Oberfläche nimmt ab, spezifisches Gewicht nimmt zu) ist es notwendig, den Prozessluftdruck entsprechend sukzessive auf 0,2 bar zu erhöhen, um die Partikel im Wirbelbett zu halten. Dabei ist zu beachten, dass zu schnelle Erhöhungen zum unerwünschten Austragen der Partikel bis ins Filtergehäuse führen und somit ein Verkleben der Metallfiltereinheiten bedingen.

Auch die Temperatur der Prozessluft hat maßgeblichen Einfluss auf das Beschichtungsresultat klassischer *Wirbelschichtcoating*-Prozesse, da sie die Trocknungszeiten benetzter Partikel beeinflusst. Je schneller das feuchte Beschichtungsmaterial auf der Partikeloberfläche trocknet und aushärtet, desto geringer ist die Wahrscheinlichkeit, dass die Partikel beim Zusammenstoßen miteinander verkleben. Entsprechend führen hohe Prozesslufttemperaturen durch beschleunigte Trocknung der Flüssigkomponente zu homogeneren Beschichtungsresultaten und verhindert das Agglomerieren der Partikel [Härkonen *et al.*, 1993]. Dies gilt mit Einschränkungen auch für das Siliconsystem (A100/B5), dass für die Beschichtung von Novozym 435 eingesetzt wurde. Auch wenn es sich um ein RTV-Siliconsystem handelt, beschleunigen erhöhte Temperaturen (>50 °C) die Polymerisationsgeschwindigkeit. Dies ist erwünscht, da die Siliconmonomere sehr klebrig sind. Die polymerisierten Siliconelastomere dagegen sind von trockener und fester Konsistenz und verhindern so ein mögliches Agglomerieren und Verkleben der Partikel untereinander. Um aber die thermische Belastung des Biokatalysators durch zu hohe Prozesslufttemperaturen möglichst gering zu halten, wurde konstant bei 60 °C beschichtet.

Zugabe der Silicone über die Zweistoffdüse:

Der Vorteil der Verwendung von Zweitstoffdüsen zur Beschichtung von Partikeln im Wirbelschichtreaktor liegt in der Möglichkeit begründet, die Beschichtungslösung in sehr feine Tröpfchen zu zerstäuben und so dessen Oberfläche stark zu erhöhen. Diese Methode ermöglicht deutlich homogenere Beschichtungsresultate, da die Beschichtungslösung viel feiner auf der Partikeloberfläche verteilt werden kann. Darüber hinaus wird die Tendenz zum Agglomerieren der Partikel im Wirbelbett verringert, da die Beschichtungslösung aufgrund der größeren spezifischen Oberfläche deutlich schneller trocknet [Dybdahl Hede, 2006]. In dieser Arbeit kam eine extern mischende Zweistoffdüse zum Einsatz, da diese den Vorteil bietet Flüssigkeitsmenge und Gasstrom unanhängig voneinander regeln zu können. Da die Zweistoffdüse so im Reaktor eingebaut ist, dass sie die Beschichtungslösung direkt mit dem Prozessluftstrom ins Wursterrohr eindüst (vgl. Abbildung 47/C), hat sie einen erheblichen Einfluss auf die Anströmgeschwindigkeit und die Fluidisierung der Partikel. Es konnte gezeigt werden, dass unabhängig von der Siliconförderrate ein konstanter Druck von 0,15 bar an der Zweistoffdüse die Ausbildung eines feinen Silicontröpfchennebels ermöglichte. Die Siliconmonomermischung wurde mit einer Peristaltikpumpe aus einem gerührten Vorratsgefäß mit konstanter Förderrate von 1,5 g Silicon/min zur Zweistoffdüse gefördert. Als Schlauchmaterial wurde wie bereits erwähnt Marpren verwendet, um ein Quellen oder Ausbluten der Silicone zu vermeiden. Zur besseren Förderung der viskosen Monomere wurden Marprenschläuche mit großem Außendurchmesser (4,8 mm) bei geringem Innendurchmesser (2,4 mm) verwendet.

3.2.3.3 Beschichtungsergebnisse

Abbildung 50 zeigt eine typische, nach zuvor beschriebener Wirbelschicht-Methode mit Silicon (A100/B5) beschichtete, Charge Novozym 435. Anhand der Menge zugeführten Silicons und der Beobachtung, dass keine Siliconrückstände im Reaktor nachweisbar waren, konnte der Siliconanteil der Immobilisate auf durchschnittlich 44 % bestimmt werden. Hierbei ist allerdings nicht auszuschließen, dass geringe Mengen Silicon als feiner Tröpfchennebel durch die Filtereinheiten mit der Abluft verloren gingen. Bei genauerer Betrachtung der beschichteten Partikel ist deutlich zu erkennen, dass lediglich ein Teil der Partikel leicht gelblich verfärbt ist, was als Nachweis für eine feine äußere Siliconschicht angesehen werden kann. Die weißlichen Partikel dagegen scheinen aufgrund einer inhomogenen Beschichtung einen prozentual geringeren Siliconanteil zu haben. Der Grund hierfür könnte in der bereits beschriebenen statischen Aufladung der Partikel liegen, die selbst durch Zugabe von Antistatikspray nicht vollständig verhindert werden konnte. Gleich zu

Beginn des Beschichtungsprozesses wird ein Teil der Partikel statisch aufgeladen und haftet in den oberen Reaktorteilen an der Innenwandung. Erst im späteren Verlauf des Beschichtungsprozess, nachdem bereits ein Großteil des Silicons zugegeben wurde, lösen sich diese Partikel durch fortschreitende Entladung ab und werden wieder dem Wirbelschichtprozess zugeführt.

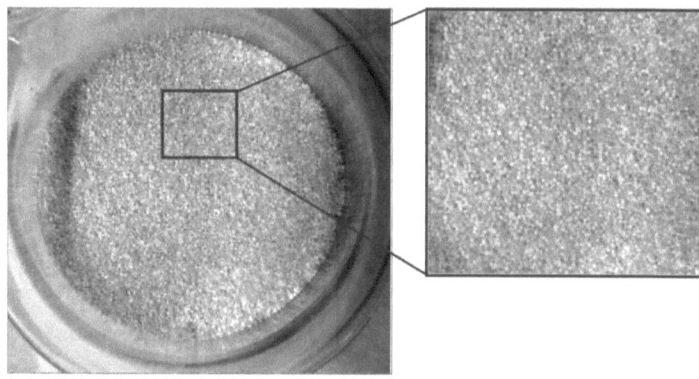

Abbildung 50: Aufsicht einer typischen Produktcharge Novozym 435, die im Wirbelschichtverfahren mit ca. 44 % Silicon (A100/B5) beschichtet wurde.

In allen durchgeführten Optimierungsversuchen wurden maximale Beschichtungsmengen von 44 % Silicon erreicht. Versuche, mehr Silicon auf die Partikel aufzubringen, führten zum Agglomerieren der Partikel und somit zum Zusammenbrechen des Wirbelbetts. Das Zusammenbrechen des Wirbelbetts erklärt sich dadurch, dass die Partikelagglomerate deutlich schwerer sind als die einzelnen Partikel. Dies hat zur Folge, dass die Anströmgeschwindigkeit der Prozessluft nicht mehr ausreichend ist, um die Gewichtskraft der Partikel zu überwinden und in den oberen Reaktorteil auszutragen. Auch eine Erhöhung der Anströmgeschwindigkeit konnte das Entstehen der Agglomerate nicht verhindern, sondern führte vielmehr dazu, dass ein Grossteil der noch vereinzelt im Reaktor befindlichen Partikel aufgrund des geringeren Gewichts nach oben aus dem Wirbelbett ausgetragen wurden und die Abluftfilter verklebten. Dieser Effekt trat anfänglich bereits nach Zugabe von 30-35 % (w/w) Silicon auf, konnte aber durch eine verlangsamte oder zyklische Zugabe der Silicone vermieden werden. Bei der verlangsamten Zugabe der Silicone wurde die Menge Silicon, die pro Zeiteinheit appliziert wurde, reduziert, so dass für die Zugabe der gleichen Siliconmenge längere Zeiträume gebraucht wurden. Bei der zyklischen Zugabe wurde das Silicon abwechselnd für einen definierten Zeitraum zugegeben, um dann für einen gewissen Zeitraum zu pausieren, wobei diese Vorgehensweise mehrfach wiederholt wurde. Auf diese Weise blieb mehr

Zeit für die auf das Novozym 435 aufgesprühten Silicontröpfchen in die Partikel einzudringen und zu polymerisieren, bevor neues Silicon nachgesprüht wurde, da die Gegenwart von Siliconüberschüssen auf den Partikeln die Ausbildung von Agglomeraten begünstigte. Das Eindringen der Silicone in die Partikel beruht auch hier darauf, dass die hydrophoben Silicone auf der hydrophoben PMMA-Oberfläche spreiten. Möglicherweise spielen aber auch Kapillarkräfte beim Eindringen der Silicone in das Partikelinnere eine Rolle. Auf Basis der Ergebnisse aus den vorangegangen Kapiteln ist zu vermuten, dass 44 % Siliconanteil unter lösungsmittelfreien Bedingungen die maximale Aufnahmemenge von Novozym 435 für Silicon ist. Die Ausbildung einer äußeren Siliconschicht, wie für die im Labormaßstab beschichteten Partikel ab 54 % Siliconanteil gezeigt (s. Abbildung 23), scheint ohnehin unter diesen Bedingungen nicht möglich zu sein, da der Karstedt-Katalysator nur auf der Porenoberfläche vorgelegt werden kann. Bei höheren Siliconanteilen ist demzufolge nicht genug Karstedt-Katalysator auf der äußeren Partikeloberfläche vorhanden, um die frisch aufgesprühten Silicontröpfchen zu polymerisieren – folglich beginnen die Partikel untereinander zu verkleben.

Nichtsdestotrotz konnte durch EDX-Messungen gezeigt werden, dass die Silicone auch unter den gewählten lösungsmittelfreien Bedingungen den porösen Träger vollständig durchdringen (Daten nicht gezeigt). Dies basiert auf dem bereits diskutierten Zusammenspiel von hydrophober Trägeroberfläche und hydrophoben Silicon, dass annähernd widerstandslos in den Träger eindringen kann und aufgrund der geringen Oberflächenspannung zum sofortigen Spreiten neigt.

Zur genaueren Charakterisierung der im Wirbelschichtverfahren mit Silicon beschichteten Partikel wurde die Propyllauratsyntheseaktivität, die Restaktivitäten nach *Enzymleaching* sowie die mechanische Stabilität nach bewährter Methodik bestimmt (vgl. Kapitel 2.2.5.3, 2.2.6.1 und 2.2.7.1). Als Referenzprobe wurde eine Charge Novozym 435 untersucht, die im zuvor beschriebenen Wirbelschichtverfahren mit 44 % Silicon (A100/B5) beschichtet wurde. Die Tabelle 8 ordnet die Estersyntheseaktivitäten der Wirbelschichtcharge von Novozym 435 mit 44 % Silicon vor und nach *Enzymleaching* in MeCN/H_2O in die Reihe der Ergebnisse der im Labormaßstab beschichteten Partikel ein. Dabei liegt die Aktivität der Charge aus dem Wirbelschichtcoater mit 4461 (± 471) PLU/$g_{Novozym435}$ geringfügig höher als das Präparat mit 40 % aus der Laborherstellung. Dies liegt aber im Rahmen der Schwankungen, wenn man in Betracht zieht, dass der Fehler mit über 10 % bei der Wirbelschichtcharge insgesamt relativ hoch ist.

Tabelle 8: Vergleich der Estersyntheseaktivitäten vor und nach *Leaching* in MeCN/H$_2$O von Novozym 435 mit Silicon (A100/B5) aus der Herstellung im Labormaßstab mit einer Charge Novozym 435 mit 44 % Silicon aus dem Wirbelschichtverfahren.

Siliconanteil [%]	Aktivität [PLU/g $_{Novozym435}$]	Restaktivität nach *Enzymleaching** [PLU/g $_{Novozym435}$]	Restaktivität Novozym 435 [%]
0	7307 (± 239)	31 (± 5)	0,4
30	4452 (± 39)	178 (± 42)	4,0
40	4561 (± 112)	368 (± 17)	8,1
44 (Wirbelschicht)	**4661 (± 471)**	**1083 (± 129)**	**23,2**
50	4305 (± 81)	1309 (± 30)	30,4
54	3364 (± 65)	1705 (± 45)	59,4

Der hohe Fehler erklärt sich durch die vergleichsweise inhomogenen Beschichtungsresultate, die beim *Wirbelschichtcoating* auftreten. Überraschend stark ausgeprägt ist der stabilisierende Effekt gegenüber *Enzymleaching* des im Wirbelschichtverfahren mit Silicon beschichteten Präparates – während Novozym 435 mit 40 % aus der Labormethode nach *Leaching* in MeCN/H$_2$O lediglich 8,1 % Restaktivität zeigt, verfügt die Wirbelschichtcharge mit lediglich 4 % mehr Siliconanteil bereits über 23,2 % und erreicht damit bereits die annähernd 3-fache Restaktivität. Es ist davon auszugehen, dass hier der kritische Siliconbereich erreicht wurde, der dazu führt, dass ein großer Teil des äußeren Trägerbereichs mit Silicon aufgefüllt wird. Da sich in diesem Bereich der Novozym 435-Partikel die höchste Enzymdichte befindet [Mei *et al.*, 2003], ist das Ausmaß der Stabilisierung gegenüber *Enzymleaching* hier besonders stark ausgeprägt. Noch deutlicher wird dieser positive Effekt durch die beschriebene Ausbildung eines schützenden Siliconüberzugs, die für die im Laborverfahren beschichteten Partikel bei 54 % Siliconanteil beobachtet wurden (vgl. Kapitel 3.1.4). Es liegt nahe, dass die Partikel aus dem *Wirbelschichtcoating* insgesamt weniger Silicon aufnehmen können, als die aus dem Laborverfahren. Dies beruht auf dem Fehlen der Lösungsmittelkomponente, was zweierlei bewirkt: Zum einen erleichtert das Cyclohexan das Eindringen der Siliconmonomere in das Porenvolumen der Partikel und zum anderen kommt es quellungsbedingt zu leichten Volumenzunahmen, die wiederum die Aufnahmekapazität für Silicon erhöhen.

Abschließend wurden die Korngrößenverteilungen von Novozym 435 im Vergleich zur Wirbelschichtcharge mit 44 % Siliconanteil vor und nach mechanischer Beanspruchung in der Schwingmühle untersucht. Die mechanische Beanspruchung von Novozym 435 in der Schwingmühle führte zu starken Beschädigungen der Partikel, die sich in einer Abnahme der durchschnittlichen Korngröße von ca. 500 µm auf 312 µm äußerte. Demgegenüber waren die siliconbeschichteten Partikel aus der Wirbelschicht deutlich stabiler und wurden bei gleicher Beanspruchung nur leicht beschädigt, was sich in einer Abnahme der durchschnittlichen Korngröße auf 430 µm zeigte. Vermutlich wurden dabei lediglich die Partikel beschädigt bzw. zerstört, die aufgrund der inhomogenen Beschichtung im Wirbelschichtverfahren nur einen geringen Siliconanteil besaßen.

Insgesamt konnte im Rahmen dieser Arbeit die grundlegende Eignung des Wirbelschichtverfahrens zur lösungsmittelfreien Siliconbeschichtung von Novozym 435 demonstriert werden. Für zukünftige Arbeiten empfehlen sich weitere Optimierungen zwecks Erreichung homogener Beschichtungsresultate, bspw. durch Verwendung alternativer und besser mischbarer bzw. schneller reagierender Siliconkomponenten. Es ist allerdings fraglich, ob eine weitere Erhöhung der Siliconanteile von Novozym 435 auf > 44 % im Wirbelschichtverfahren möglich ist.

3.2.4 Ausblick zur technischen Beschichtung

Auch wenn die Beschichtung von Novozym 435 mit Silicon im Wirbelschichtverfahren eine aussichtsreiche Methode ist, die sich gut für ein *Scale-up* eignet, ist zum gegenwärtigen Stand noch nicht endgültig absehbar, ob sich dieses Verfahren wirklich durchsetzen kann. Der wohl größte Vorteil dieser Methode ist die Möglichkeit vollkommen lösungsmittelfrei zu arbeiten. Dennoch seien auf Basis der gesammelten Erkenntnisse nachfolgend zwei weitere, möglicherweise in Frage kommende, technische Verfahren zur industriellen Beschichtung vorgeschlagen. Zur Beschichtung von Novozym 435 mit Silicon unter Verwendung organischer Lösungsmittel bietet sich bspw. ein Verfahren im Dragierkessel an. Hierbei können durch schnellere Drehgeschwindigkeiten höhere Leistungseinträge als beim Pelletierteller generiert werden und so möglicherweise ein Verkleben der Partikel untereinander und auch mit der Trommeloberfläche vermieden werden. *Trommelcoating*-Verfahren ermöglichen ebenfalls höhere Leistungseinträge und zudem die Applikation der Silicone via Zweistoffdüse [Jakob, 2007]. Beide Systeme sind etablierte Methoden in der pharmazeutischen Industrie und werden dort primär zur Herstellung von Tabletten und

Dragees verwendet. Zukünftige Arbeiten sollten deshalb das Potential dieser Methoden zur Beschichtung poröser Immobilisate mit Siliconen untersuchen.

3.3 Ausweitung der Siliconbeschichtung auf andere Enzymimmobilisate

Die Beschichtung des Lipaseimmobilisates Novozym 435 mit Silicon führte zu einer deutlichen Stabilisierung gegenüber mechanischer Beanspruchung und einer ebenfalls deutlichen Steigerung der Desorptionsstabilität der adsorptiv gebundenen CALB unter Beibehaltung hoher katalytischer Aktivitäten. In den nachfolgenden Kapiteln wurde untersucht, inwiefern der stabilisierende Effekt der Siliconbeschichtung auch auf andere immobilisierte Enzymsysteme übertragbar ist. Dabei sollte die grundlegende Eignung der Beschichtungsmethode für eine Auswahl interessanter Enzyme aufgezeigt werden, ohne an dieser Stelle aufwändige Untersuchungen und Optimierungsschritte durchzuführen. In einem ersten Schritt wurden aus Gründen der besseren Vergleichbarkeit alternative CALB-Immobilisate untersucht, die entweder selbst im Labor hergestellt wurden oder kommerziell verfügbar waren. Darüber hinaus wurden alternative Lipasepräparate untersucht, da nicht absehbar war, wie sie sich unter den beschriebenen Bedingungen verhalten. Zwar gelten Lipasen allgemein als äußerst robust und stabil, und sollten somit den Kontakt mit in Cyclohexan gelösten Siliconmonomeren beim Beschichten besonders gut überstehen, dem ungeachtet kommt es aber auch innerhalb der Enzymklasse der Lipasen (EC 3.1.1.3) zu mitunter großen Unterschieden bezüglich der Reaktivität und Stabilität. Ferner wurde die Eignung dieser Methode für weitere Enzyme aus der Klasse der Hydrolasen wie den Carboxylesterasen (EC 3.1.1.1) und Peptidasen (3.4.) untersucht, die sich bereits deutlich in ihren spezifischen Eigenschaften von Lipasen unterscheiden. Abschließend galt es aufzuzeigen, dass diese Methodik auch erfolgreich auf Enzyme übertragen werden kann, die nicht zur Klasse der Hydrolasen gehören, wie im weiteren Verlauf am Beispiel einer Laccase (EC 1.10.3.2) aus der Familie der Oxidoreduktasen (EC 1) untersucht wurde.

3.3.1 Siliconbeschichtung eines eigenen Lipaseimmobilisats (adsorptiv an Lewatit VP OC 1600 gebundene CALB)

Nachfolgend wurde untersucht, ob die Vorteile dieser Methode auch auf ein selbst beladenes Lipaseimmobilisat übertragbar sind. Der Einfachheit halber wurde dazu CALB auf dem Novozym 435-ähnlichen Träger Lewatit VP OC 1600 (Bayer) gebunden und mit Silicon beschichtet. Bei dem unbeladenen Träger handelt es sich um weißliche, intransparente Kugeln mit einer polydispersen Größenverteilung (300-1000 µm), die laut Hersteller aus mit Divinylbenzol (DVB) quervernetztem Methacrylat bestehen. Die theoretisch zur Beladung nutzbare spezifische Oberfläche der makroporösen Partikel wird mit ca. 130 m^2/g angegeben. Diverse Literaturzitate belegen, dass es sich beim VP OC 1600 um den Originalträger handelt, der auch von Novozymes zur Herstellung von Novozym 435 verwendet wird [Chen et al., 2007 a/b; Mei et al., 2003]. Die Beladung des Trägers mit CALB wurde wie in Kapitel 2.2.2 beschrieben durchgeführt. Die Bindung der CALB an die Trägeroberfläche ist absorptiv und basiert hauptsächlich auf hydrophober Interaktion, sowie diversen unspezifischen Wechselwirkungen [Cabrera et al., 2009]. Die CALB wurde als Flüssigpräparat Novozymes L (Novozymes) ohne weitere Aufreinigungsschritte zur Trägerbeladung eingesetzt. Der Proteinanteil von Novozymes L lag bei ca. 5 mg/mL. Die resultierenden CALB-Immobilisate verfügten über eine hydrolytische Aktivität von 1,04 LU/mg$_{Immob.}$ und eine Estersynthese-aktivität von 6000 PLU/g$_{Immob.}$, bei einer Beladungsdichte von 30 µg$_{Protein}$/mg$_{Träger}$. Dies entspricht exakt den maximalen Beladungsdichten, die auch Cabrera et al. (2009) für das gleiche Enzym-Träger-System erreichten. Die Aktivität von Novozym 435 lag im Vergleich dazu mit 7000 PLU/g geringfügig höher, was vermutlich auch auf die höheren Beladungsdichten von ca. 50 µg$_{Protein}$/mg$_{Träger}$ zurückzuführen ist. Das ist insofern interessant, als das gezeigt wurde, dass sich auf diese Weise einfach und schnell CALB-Immobilisate herstellen lassen, die über ähnliche Eigenschaften wie Novozym 435 verfügen, in der Anschaffung aber deutlich kostengünstiger sind. Demnach konnten also erfolgreich CALB-Immobilisate mit hohen Aktivitäten hergestellt werden, die sich zur weiteren Untersuchung eignen. Die CALB-Immobilisate wurden nach dem entwickelten Standardverfahren (Kapitel 2.2.1) mit 44 % (w/w) Silicon (A100/B5) beschichtet. Zur genaueren Klärung der Frage, ob sich das Silicon bei der Beschichtung des CALB-beladenen VP OC 1600-Trägers so verhält, wie das Silicon beim Novozym 435, wurden EDX-Scans der Partikelquerschnitte angefertigt. Abbildung 51 zeigt die Ergebnisse der EDX-Scans, die ortsaufgelöst an acht verschiedenen Stellen des Querschnitts eines siliconbeschichteten CALB-Partikels durchgeführt wurden. Die Intensität des Si-Signals gibt die ungefähre lokale Menge an Silicon am Messort wider. Die Signalintensität kann entweder genutzt werden, um als Falschfarbenbild die Element-Verteilung über den gesamten Partikelquerschnitt anzuzeigen, wie bspw. für siliconbeschichtetes Novozym 435 in Abbildung 17 gezeigt, oder aber um als Einzelmesswerte die örtliche Siliconmenge an unterschiedlichen Stellen im Querschnitt zu zeigen (vgl. Abbildung 18). Zur besseren Übersichtlichkeit wurden die Messwerte hier als relative Signalstärken in Prozent angegeben, wobei 100 % der Signalstärke reinen Siliziums entspricht. Die durchschnittliche relative Signalstärke lag an den acht Messpunkten im Partikelquerschnitt bei 14,8 (± 3,5) %, wobei die Signalstärken an den verschiedenen Messorten nur geringfügig voneinander abwichen. Das Silicon scheint demnach den Partikel bzw. das Porennetzwerk, ähnlich wie bei Novozym 435, vollständig zu durchdringen und homogen aufzufüllen. Kontrollmessungen am unbeschichteten VP OC 1600-Träger zeigten erwartungsgemäß im gesamten Trägerquerschnitt kein Siliziumsignal, welches zur Verfälschung der Ergebnisse hätte führen können. Es traten aber auch Unterschiede im Vergleich zu Novozym 435 auf: Die Beschichtung mit höheren Siliconmengen von 50-54 % (w/w), die beim Novozym 435 zu optimalen Beschichtungsergebnissen führten (vgl. Kapitel 3.1.4), bedingte beim CALB-Immobilisat die Bildung von Partikelagglomeraten. Vermutlich erschweren Wasserrückstände im Porengefüge aus der Beladung des Trägers mit Enzym das effektive Eindringen der applizierten Silicone ins Partikelinnere und das notwendige schnelle Spreiten auf der ansonsten hydrophoben Trägeroberfläche (vgl. Kapitel 3.1.3). Darüber hinaus könnten hydrophile Zuschlagstoffe des Flüssigpräparates wie Glycerin ebenfalls im Porengefüge gebunden und die aufgetretenen Probleme bei der Beschichtung hervorgerufen haben.

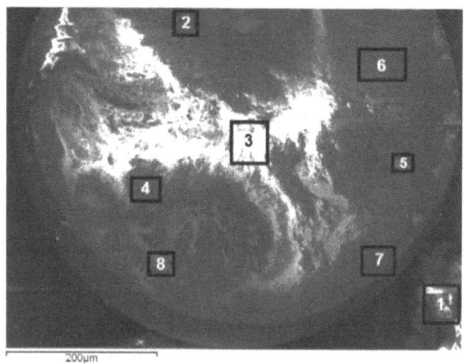

Abbildung 51: REM-Aufnahme eines Querschnitts durch einen Lewatit VP OC 1600-Partikel mit 43 % Silicon (A100/B5). Die jeweiligen Messorte der EDX-Element-Verteilung im Trägerquerschnitt sind als Rechtecke mit weißen Zahlen dargestellt.

Ein wesentliches Kriterium zur Bewertung der Methode ist die Aktivitätsausbeute, die sich nach Siliconbeschichtung ergibt. Die hydrolytische Aktivität des siliconbeschichteten Präparats lag bei 0,43 LU/mg$_{Träger}$ und die Estersyntheseaktivität bei 2927 PLU/g$_{Träger}$. Damit lagen die Aktivitätsausbeuten gegenüber unbeschichteten Partikeln mit 41 % (Hydrolyse) und 49 % (Veresterung) in einem akzeptablen Bereich. Die beobachteten Aktivitätseinbußen basieren vermutlich auf Diffusionslimitierungen der Siliconschicht. Auch ein Vergleich der Aktivitätsausbeuten bei der Estersyntheseaktivität in Methylcyclohexan verweist auf ausgezeichnete Aktivitätsausbeuten: Während unbeschichtete Immobilisate eine Ausgangsaktivität von

311 PLU$_{org}$/g$_{Immob}$ hatten, verfügten diese nach Siliconbeschichtung über 151 PLU$_{org}$/g$_{Immob}$. Dies ist unter Berücksichtigung des Siliconanteils von ca. 43 % (w/w) sogar eine nahezu quantitative Aktivitätsausbeute.

Darüber hinaus wurde die Leachingstabilität der Eigenimmobilisate bestimmt. Auf diese Weise sollte untersucht werden, ob durch die Siliconbeschichtung auch eine Erhöhung der Leachingstabilität erreicht werden konnte. Dazu wurden das unbeschichtete und das siliconbeschichtete Eigenimmobilisat für 30 min in MeCN/H$_2$O gerührt (vgl. Kapitel 2.2.6.1) und anschließend die Restaktivitäten sowie die Gewichtsanteile des desorbierten Enzyms bestimmt. Tabelle 9 ist zu entnehmen, dass beim unbeschichteten Präparat im Vergleich zum Beschichteten die neunfache Enzymmenge desorbierte. Da die durchschnittliche Beladungsdichte der Immobilisate 30 µg$_{Protein}$/mg$_{Träger}$ lag, bedeutet dies, dass die CALB ohne schützende Siliconschicht vollständig vom Träger desorbierte. Das zeigt sich auch in den Restaktivitäten: Während unbeschichtetes Immobilisat nach *Enzymleaching* inaktiv war, lagen die Restaktivitäten der siliconbeschichteten Partikel mit 54 % (Hydrolyse), 60 % (lösungsmittelfreien Veresterung) und 49 % (Veresterung in Methylcyclohexan) allesamt in einem akzeptablen Bereich, und belegen damit die Eignung der Siliconbeschichtung zur Stabilisierung selbstbeladener Lipaseimmobilisate. Es konnte im Rahmen dieser Arbeit nicht abschließend geklärt werden, wie die Aktivitätsabnahmen in MeCN/H$_2$O genau zustande kamen. Die bisherigen Ergebnisse ließen vermuten, dass diese ausschließlich durch desorptionsbedingte Enzymverluste bewirkt wurden. Beim siliconbeschichteten CALB-VP OC 1600 wurden aber 50-60 % Restaktivitäten bestimmt, obwohl lediglich 3 µg/mg$_{Träger}$ (10 %) des Enzyms desorbierten.

Auf eine Untersuchung des Einflusses der Siliconbeschichtung auf die mechanische Stabilität des Trägers wurde an dieser Stelle verzichtet. Infolge der Tatsache, dass es sich beim Lewatit VP OC 1600 um den gleichen Träger wie auch beim Novozym 435 handelt, kommt es durch Siliconbeschichtung aller Wahrscheinlichkeit nach auch zu der gleichen Zunahme der strukturellen Partikelintegrität, die bereits eingehend in dieser Arbeit beschrieben wurde (vgl. Kapitel 3.1.6). Auf diese Weise konnte demonstriert werden, dass Eigenimmobilisate auf Basis eines CALB-Flüssigpräparates und von Lewatit VP OC 1600 als Trägermaterial zu Lipasepräparaten führen, die über vergleichbare Eigenschaften, wie das kommerziell erhältliche Novozym 435 verfügen. Ferner konnte auf Basis dieser Immobilisate gezeigt werden, dass die Silicone bei der Beschichtung den Träger durchdringen und homogen auffüllen. Hierbei ist aber im Einzelfall zu berücksichtigen, dass herstellungsbedingte Rückstände wie Feuchte, Puffer oder Zuschlagstoffe auf der Oberfläche der Poren das Eindringen und Polymerisieren der Silicone behindern können.

Tabelle 9: Aktivität und Desorptionsstabilität von VP OC 1600 mit CALB und VPOC1600 mit CALB und Silicon (43 % A100/B5) vor und nach Desorption in MeCN/H$_2$O.

Probenbezeichnung	Hdyrolytische Aktivität [LU/mg$_{Immob.}$]	Estersynthese-Aktivität [PLU/g$_{Immob.}$]	Estersynthese-Aktivität in Methylcyclohexan [PLU$_{org}$/g$_{Immob.}$]	Menge desorbiertes Enzym [µg$_{Protein}$/mg$_{Träger}$]
VPOC1600+CALB	1,04	6000	311	-
VPOC1600+CALB Nach Desorption	0	0	0	27 ± 5
VPOC1600+CALB + 43% Silicon (A100/B5)	0,43	2930	151	-
VPOC1600+CALB + 43% Silicon (A100/B5) Nach Desorption	0,23	1765	118	3 ± 1,3

3.3.2 Siliconbeschichtung anderer kommerzieller Lipasepräparate

3.3.2.1 Immobilisate auf Basis der CALB am Beispiel von LCAHN (SPRIN lipo CALB)

Auch wenn Novozym 435 gegenwärtig als das bekannteste kommerziell erhältliche Lipaseimmobilisat auf Basis der CALB angesehen werden kann, gibt es mittlerweile einige Konkurrenzpräparate. Neben dem Präparat (*CalB immo*) von c-LEcta (Leipzig) und einer Reihe verschiedener IMMCALB-Präparate von Chiral Vision (Leiden, Niederlande), ist das LCAHN bzw. *SPRIN lipo CALB* von SPRIN-Technologies, einem Partner der Resindion S.r.l. (Mitsubishi Chemical Corporation, Tokio, Japan), ein für technische Anwendungen interessantes neues CALB-Immobilisat. Hierbei handelt es sich um einen porösen und hydrophoben Polystyrolträger, der mit Divinylbenzol quervernetzt wurde und auf dessen Oberfläche die CALB adsorptiv gebunden ist. Die durchschnittlichen Partikelgrößen liegen im Bereich zwischen 300-800 µm, der Preis liegt bei 720 €/kg (Stand 2009) und die Estersynthese-aktivität beträgt laut Hersteller >2000 PLU/g$_{Immob.}$. Der Träger scheint damit gut geeignet zu sein, um zu untersuchen, wie sich das Silicon bei

Beschichtung anderer, wenn auch ebenfalls hydrophober, Materialien verhält. Die LCAHN-Partikel wurden, wie zuvor für Novozym 435 beschrieben (vgl. Kapitel 2.2.1), mit 40, 50 und 60 % Silicon (A100/B5) beschichtet. Analog zum Novozym 435 konnte durch REM und EDX-Messungen gezeigt werden, dass das Silicon auch beim LCAHN in das Porenvolumen der Partikel eindringt und den Träger homogen füllt (Daten nicht gezeigt). Entsprechend unterscheiden sich die Partikel mit 40 und 50 % Siliconanteil nicht von unbeschichteten LCAHN-Partikeln, wohingegen bei 60 % Siliconanteil die Ausbildung einer feinen äußeren Siliconschicht beobachtet werden konnte. Damit verhält sich LCAHN bei der Beschichtung mit Silicon überwiegend so wie Novozym 435, mit dem Unterschied, dass LCAHN-Partikel aufgrund eines etwas größeren Porenvolumens geringfügig mehr Silicon aufnehmen können.

Wie sich die Siliconbeschichtung auf die Estersyntheseaktivitäten und die Leachingstabilitäten auswirkt wurde für LCAHN-Partikel mit 40, 50 und 60 % Siliconanteil untersucht (Abbildung 52). Die Ausgangsaktivität von LCAHN lag mit 5467 ($\pm$ 62) PLU/g_{LCAHN} deutlich über den Herstellerangaben. Dies dürfte mitunter daran liegen, dass die angegebene Estersyntheseaktivität vom Hersteller bei einer niedrigeren Temperatur (55 °C, sonst 60 °C) bestimmt wurde. Abbildung 52 zeigt die Estersyntheseaktivitäten von LCAHN mit 0, 40, 50 und 60 % Silicon (A100/B5) vor und nach *Leaching* in MeCN/H_2O. Erwartungsgemäß nahmen mit steigendem Siliconanteil die prozentualen Aktivitätsausbeuten bezogen auf den LCAHN-Anteil von 66 % (bei 40 % Siliconanteil) bis auf 29 % Restaktivität (bei 60 % Siliconanteil) ab. Wie es bereits für siliconbeschichtetes Novozym 435 und Eigenimmobilisat (VP OC 1600+CALB) beschrieben wurde, basieren die Aktivitätseinbußen wahrscheinlich auf einer Verschlechterung des Massentransfers der Edukte durch die Siliconschicht. Abbildung 52 ist zu entnehmen, dass die Siliconschicht auch im Fall von LCAHN eine signifikante Steigerung der Leachingstabilität bewirkte: Während das unbeschichtete LCAHN durch 30 min Rühren in MeCN/Wasser bei 45 °C nahezu vollständig inaktiviert wurde, zeigten die Präparate mit 40 und 50 % Silicon Restaktivitäten von 24 bzw. 60 %. Bei dem Immobilisat mit 60 % Siliconanteil wurde sogar eine leichte höhere Aktivität gemessen. Vermutlich wurden hier infolge der mechanischen Beanspruchungen, welche im Rahmen des Leachingtests auftraten, überschüssige Siliconrückstände von der Trägeroberfläche gelöst. Dies könnte bei erneutem Einwiegen zur Messung der spezifischen Restaktivität zu entsprechenden Abweichungen in den Berechnungen geführt haben.

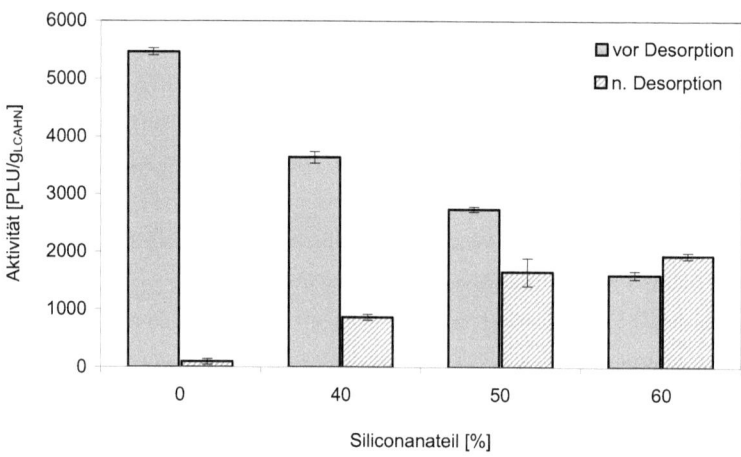

Abbildung 52: Estersyntheseaktivitäten in PLU/g_{LCAHN} von LCAHN ohne Silicon (0 %) und LCAHN mit 40, 50 und 60 % Silicon (A100/B5) jeweils vor und nach *Leaching* in MeCN/H_2O.

Da bereits der unbeschichtete LCAHN-Träger mechanisch so stabil war, dass dieser durch die Standardmethoden zur Bestimmung der mechanischen Stabilität (Kapitel 2.2.7) nicht bzw. nur geringfügig beschädigt wurde (Daten nicht gezeigt), wurde der zusätzliche Einfluss der Siliconbeschichtung auf die Partikelintegrität nicht weiter untersucht. Die strukturelle Stabilität des Trägers scheint bereits ohne weitere Stabilisierung für den Einsatz im Rührwerksreaktor geeignet, sollte aber im Einzelfall und in Abhängigkeit des gewählten Leistungseintrages genau bestimmt werden.

Zusammenfassend konnte gezeigt werden, dass die Beschichtung von LCAHN mit Silicon zu einer signifikanten Erhöhung der Leachingstabilität der Präparate führte, wobei gleichzeitig für industrielle Verfahren annehmbare Estersyntheseaktivitäten beibehalten werden konnten. Somit konnte zweifelsfrei demonstriert werden, dass der stabilisierende Effekt der Siliconbeschichtung erfolgreich auf alternative Lipaseimmobilisate wie LCAHN übertragbar ist. Ferner konnte in einer Reihe weiterer Kurzversuche belegt werden, dass auch zwei weitere kommerzielle Lipaseimmobilisate IMMCALB (Chiral Vision) und CalB immo (c-LEcta) unter Erhalt akzeptabler Estersyntheseaktivitäten durch die Siliconbeschichtung gegen *Enzymleaching* und/oder mechanische Beanspruchung stabilisiert werden können.

3.3.2.2 Lipase aus *Rhizomucor miehei* auf Duolite (Lipozym RM IM)

Lipozyme RM IM ist ein kommerzielles Lipaseimmobilisat von Novozymes (Dänemark), bei dem die Lipase aus *Rhizomucor miehei* adsorptiv an den makroporösen Harz Duolite A568 von Lanxess (Bayer) gebunden ist. Duolite A568 ist ein hochporöses Granulat, das aus quervernetzten Phenol-Formaldehyd-Polykondensaten besteht, die auch als basische Anionentauscher genutzt werden [Gueguen *et al.*, 1996]. Das Immobilisat RM IM zeichnet sich besonders als Biokatalysator für Veresterungen und Umesterungen zur Herstellung von chiralen Alkoholen und Carbonylsäuren sowie durch selektive *sn*-1-3 spezifische Hydrolyse von Acylresten aus Triacylgyceriden aus [Dourtoglou *et al.*, 2001]. Das Präparat ist laut Herstellangaben stabil und robust. Ferner kann es in Batch- und Säulenreaktoren in wässrigen Medien sowie mit Einschränkungen auch in verschiedenen organischen Lösungsmitteln eingesetzt werden [Dourtoglou *et al.*, 2001].

Lipozym RM IM wurde in dieser Arbeit mit unterschiedlichen Mengen Silicon (A100/B5) beschichtet. Dabei zeigte sich, dass die Partikel mit ca. 50 % Siliconanteil einen Großteil des Silicons aufnahmen und lediglich ein geringfügiger Anteil auf der Partikeloberfläche zurückblieb. Da sich im Rahmen der Untersuchungen herausstellte, dass das Lipozym RM IM nicht geeignet war unter den gewählten Testbedingungen die lösungsmittelfreie Propyllauratsynthese bei 60 °C zu katalysieren, wurden alternative Methoden der Aktivitätsmessung getestet. Dabei zeigte sich, dass auch die hydrolytischen Aktivitäten (LU) des Präparates zu niedrig lagen, um aussagekräftige Resultate zu erhalten. Infolgedessen konnten hier nur die Propyllauratsyntheseaktivitäten in Methylcyclohexan bestimmt werden. Während das native Lipozyme RM IM Aktivitäten von 321 ($\pm$ 40) $PLU_{org}/g_{Immob.}$ erreichte, lag die Aktivität nach Beschichtung mit ca. 49 % (w/w) Silicon (A100/B5) bei 171 ($\pm$ 5) $PLU_{org}/g_{Immob.}$. Im Rahmen der Messungenauigkeit ergibt dies eine annähernd quantitative Ausbeute. Die in dieser Arbeit entwickelte Methode zur Siliconbeschichtung poröser Enzymimmobilisate konnte demnach mit Einschränkungen auf das Lipozyme RM IM-Präparat übertragen werden. Eine abschließende Beurteilung könnte aber erst nach intensiveren Untersuchungen (Stabilitäten gegenüber mechanischer Beanspruchung und *Enzymleaching*, Einfluss unterschiedlicher Siliconbeschichtungsmengen auf die enzymatische Aktivität) getätigt werden, was aus Zeitgründen in dieser Arbeit nicht möglich war.

3.3.3 Esterasen

Ähnlich wie die bereits eingehend untersuchten Lipasen [EC 3.1.1.3], sind Esterasen, genauer Carboxylesterasen [EC 3.1.1.1], in der Lage die Spaltung oder Bildung von Esterbindungen zu katalysieren [Bornscheuer, 2002]. Esterasen unterscheiden sich von den Lipasen dadurch, dass sie bevorzugt kurzkettige Substrate ($<C_{12}$) umsetzen [Verger, 1997] und zudem aufgrund der fehlenden *lid*-Struktur im Vergleich zu den Lipasen keiner Grenzflächenaktivierung unterliegen. Infolgedessen verfügen Esterasen bereits bei geringen Substratkonzentrationen über hohe katalytische Aktivitäten [Bornscheuer, 2002]. Ausgezeichnete Regio- und Stereospezifitäten sowie die Möglichkeit des Einsatzes in organischen Lösungsmitteln machen Esterasen zu interessanten Biokatalysatoren für die Gewinnung von optisch reinen Feinchemikalien. Ein Beispiel von industriellem Interesse ist ein Prozess bei dem eine Esterase aus *B. subtilis* zum milden Entfernen von Schutzgruppen bei der Herstellung des Antibiotikums Loracarbef eingesetzt wird [Bornscheuer, 2002]. Dabei zeigte sich aber auch, dass Esterasen mitunter über unzureichende Stabilitäten in organischen Lösungsmitteln und unter technischen Bedingungen verfügen können [Bornscheuer, 2002]. Aufgrund dessen ist die Suche nach geeigneten Möglichkeiten zur Stabilisierung dieser Enzyme, bspw. durch Immobilisierung, dringend notwendig.

In dieser Arbeit wurde die Esterase aus *Rhizopus oryzae* (ERO) auf Lewatit VP OC 1600 immobilisiert und anschließend mit Silicon beschichtet. Bei der ERO von Fluka (Neu-Ulm) handelt es sich um ein feines Enzympulver, dessen Aktivität mit >20 U/g für die Spaltung von Triolein angegeben wird. Als Aktivitätstest diente in dieser Arbeit die Hydrolyse des Esters Valeriansäureethylester in einem wässrigen Puffersystem. Die erreichten Aktivitäten wurden infolgedessen als Esterase *Units* (EU) angegeben. Die besten Resultate wurden bei ERO-Immobilisaten mit 55 % Silicon (A200/B5) erzielt. Die Aktivitäten dieser Präparate vor und nach Beschichtung lagen bei 67 und 29,5 EU/$g_{Immob.}$, d.h. auch hier konnte im Rahmen der Messungenauigkeit eine annähernd quantitative Aktivitätsausbeute erreicht werden. Die Bestimmung der Desorptionsstabilität führte überraschenderweise dazu, dass neben dem unbeschichteten auch das siliconbeschichtete Präparat vollständig inaktiviert wurde. Vermutlich wurde die ERO aufgrund von detrimentalen Effekten des MeCN/Wasser-Gemischs auf der Trägeroberfläche inaktiviert. Dieses Verhalten von Esterasen in organischen Lösungsmitteln wurde bereits von Bornscheuer *et al.* (2002) zusammenfassend beschrieben. Zur abschließenden Beurteilung sind weitere Untersuchungen dringend zu empfehlen. Untersuchungen zur mechanischen Stabilität waren nicht notwendig, da bereits mehrfach gezeigt wurde, dass diese bei

Lewatit VP OC 1600 durch eine Erhöhung des Siliconanteils deutlich ansteigt. Zusätzliche Experimente zeigen, dass auch das kommerziell erhältliche Esterasepräparat „Esterase, immobilized on Eupergit® C from hog liver" (Sigma-Aldrich) erfolgreich mit Silicon beschichtet werden konnte. Bei dem Präparat handelt es sich um Schweineleberesterase, die auf 150 µm großen Eupergit® C-Kugeln immobilisiert wurde. Obwohl es herstellungsbedingt bei der Beschichtung mit 50 % Silicon (A100/B5) zur Ausbildung großer Agglomerate kam, konnten akzeptable Aktivitätsausbeuten erreicht werden. Das unbeschichtete Präparat hatte eine Ausgangsaktivität von 179 (± 13) EU/g, wohingegen das Präparat mit 50 % Silicon (A100/B5) eine Restaktivität von 46 (± 3,7) EU/g aufwies: Dies entspricht einer Aktivitätsausbeute von 26 %, was unter Berücksichtigung der starken Partikelagglomeration und der dadurch entstandenen zusätzlichen Diffusionsbarriere für Substrat- und Produktmoleküle ein vielversprechender Ausgangswert für zukünftige Optimierungsarbeiten ist. Demnach kann davon ausgegangen werden, dass das Silicon für das gewählte Reaktionssystem prinzipiell durchlässig ist, aber in Abhängigkeit der jeweiligen Schichtdicken die Diffusionsraten signifikant verringert. Im Mittelpunkt zukünftiger Untersuchungen sollte der Einfluss der Siliconbeschichtung auf die Leachingstabilitäten von Esterasepräparaten stehen, die an dieser Stelle aus Ermangelung an Zeit nicht durchgeführt werden konnten.

3.3.4 Proteasen (Subtilisin *Carlsberg*)

Hauptaufgabe von Proteasen bzw. Peptidasen (EC 3.4.) *in vivo* ist die Hydrolyse von Proteinen, weshalb sie häufig als Additiv in Waschmitteln zum umweltschonenden Aufschluss von Nahrungsresten zum Einsatz kommen. Weitere Anwendungsbereiche von Proteasen liegen in der Lebensmittel- und Futtertechnologie sowie in der chemischen Industrie [Kumar und Takagi, 1999]. Eine ausführliche Zusammenfassung der technisch interessanten Anwendungsmöglichkeiten von Proteasen sind in einem Übersichtsartikel von Gupta *et al.* (2002) zusammengefasst. In der letzten Zeit wurden Proteasen zunehmend für Synthesen in hydrophilen und hydrophoben Lösungsmitteln eingesetzt. Als erfolgreiches Beispiel sei hier die selektive Synthese von Zuckerestern zur Nutzung als Biotenside genannt, die unter Verwendung der Protease Subtilisin *Carlsberg* in DMF, DMSO oder Pyridin durchgeführt wurde [Fessner und Anthonsen, 2009]. Problematisch erwiesen sich dabei insbesondere die unzureichenden Stabilitäten der Proteasen in zahlreichen organischen Lösungsmitteln wie u.a. in Heptanol oder Toluol [Fessner und Anthonsen, 2009]. Infolgedessen schlagen Fernandes *et al.* (2005) speziell für Subtilisin dessen Stabilisierung via Immobilisierung vor. Die alkalische Protease Subtilisin *Carlsberg* (E.C. 3.4.21.62) stammt aus dem Bakterium

Bacillus licheniformis und gehört zur Klasse der extrazellulären Serinproteasen. Sie weist ein Molekulargewicht von 38,9 kDa auf und ist aus 379 Aminosäureresten aufgebaut. Subtilisin *Carlsberg* wird neben weiteren Anbietern von der Firma Novozymes (Bagsvaerd, Dänemark) unter der Bezeichnung Alcalase kommerziell vertrieben. Die niederländische Firma Chiral Vision aus Leiden bietet zusätzlich fertige Enzymimmobilisate an, bei denen die Alcalase von Novozymes bereits kovalent an sphäroide Träger gebunden vorliegt. Diese hochporösen Träger werden unter der Bezeichnung „Immobeads" geführt und bestehen aus Methacrylat mit Epoxidgruppen, über die die Enzyme kovalent an den Träger gebunden wurden. Im Rahmen dieser Arbeit wurde das Präparat IMMALC350 verwendet, da dieses mit einer durchschnittlichen Partikelgröße von 350-700 µm Novozym 435 sehr ähnelt. Die Partikel wurden nach beschriebener Beschichtungsmethode im Labormaßstab mit 40, 50 und 60 % Silicon (A100/B5) beschichtet. Partikel mit 40 und 50 % Silicon waren kaum von unbeschichteten zu unterscheiden, wohingegen Partikel mit 60 % Silicon bereits eine deutliche Siliconaußenschicht ausbildeten und stark untereinander verklebten. Aus diesem Grund wurden nachfolgend nur die Aktivitäten der Partikel mit 40 und 50 % Silicon bestimmt. Zur Aktivitätsbestimmung wurde der Aktivitätstest des Herstellers übernommen. Als Reaktion diente die Hydrolyse von Ethyl-*N*-acetylglycinat bei pH 7,5, wobei die entstehende Essigsäure kontinuierlich durch Titration mit NaOH quantifiziert wurde. Als problematisch erwies sich die Durchmischung der stark hydrophoben Immobilisate in der Wasserphase des Reaktionspuffers. Erst durch Zugabe von 0,5-1 % (w/w) des Tendsids Tween 80 (Polysorbat) wurde ein Anhaften der hydrophoben Partikel an der Grenzfläche Luft/Wasser sowie an der Glasoberfläche der pH-Kapillare weitestgehend unterbunden. Dies ermöglichte die reproduzierbare Bestimmung von Aktivitäten, die Tabelle 10 zu entnehmen sind. Die Restaktivitäten nach Beschichtung wurden auf die im Gesamtimmobilisat enthaltene Menge des Trägers bezogen und ergaben für IMMALC350 mit 40 % Silicon (A100/B5) ca. 65 % Aktivitätsausbeute, bzw. ca. 35 % Aktivitätsausbeute für IMMALC350 mit 50 % Siliconanteil. Die dokumentierte Abnahme der Aktivitätsausbeuten mit steigendem Siliconanteil legen den Schluss nahe, dass der Grund hierfür nicht in einer schleichenden Deaktivierung der sensitiven Proteasemoleküle beim Kontakt mit Cyclohexan während der Beschichtung liegt, sondern vielmehr auf einem massentransfer-limitierenden Effekt der Siliconschicht auf Substrat- und Produktmoleküle zurückzuführen ist. Ansonsten hätten die bei der Beschichtung eingesetzte gleich bleibende Menge an Cyclohexan auch einheitliche Aktivitätseinbußen nach sich ziehen müssen. Unabhängig davon können die erreichten Aktivitätsausbeuten aber als Beleg dafür angesehen werden, dass auch Proteasen prinzipiell für die Beschichtung mit Silicon geeignet sind. In weiterführenden Arbeiten sollte aber unbedingt im Detail untersucht werden, wie die Siliconbeschichtung einerseits Aktivität und Selektivität bei technisch interessanten Reaktionen (bspw. Synthese von Zuckerestern) und andererseits die Stabilität der Proteaseimmobilisate beim Einsatz in organischen Lösungsmitteln verändert.

Tabelle 10: Einfluss der Siliconbeschichtung (A100/B5) auf die hydrolytische Proteaseaktivität von IMMALC350 (immobilisiertes Subtilisin).

Probenbezeichnung	Siliconanteil [%]	Hydrolytische Aktivität [U/$g_{IMMALC350}$]	Aktivitätsausbeute [%]
IMMALC350	0	27,5 (± 0,1)	100
IMMALC350 mit Silicon (A100/B5)	40	17,9 (± 0,8)	65,1
IMMALC350 mit Silicon (A100/B5)	50	9,7 (± 1,6)	35,3

Da die Proteasemoleküle beim IMMALC350 herstellungsbedingt bereits kovalent und damit sehr fest auf der Oberfläche des Methacrylatträgers gebunden vorlagen, konnte selbst bei den Immobilisaten ohne Siliconschicht kein *Enzymleaching* nachgewiesen werden: Das Inkubieren von IMMALC350 in MeCN/Wasser führte weder zur Desorption von Proteinen, noch traten nach dieser Behandlung Aktivitätsverluste auf. Entsprechend war es obsolet den erwarteten stabilisierenden Effekt der Siliconbeschichtung auf die Leachingstabilität zu untersuchen. Die genaue Zusammensetzung und die spezifischen Eigenschaften des Trägermaterials des IMMALC350 waren nicht bekannt. Da der Träger aber in seiner Beschaffenheit Novozym 435 stark ähnelte, wurde von einer mangelnden mechanischen Stabilität ausgegangen. Entsprechend interessant war es zu untersuchen, ob die Methode der Siliconbeschichtung auch bei diesem Trägermaterial eine signifikante Steigerung der mechanischen Stabilität bewirkt. In einem einfachen Vorversuch zur mechanischen Stabilität wurde IMMALC350 für 60 min in Wasser unter Verwendung eines Magnetrührers stark gerührt. Diese Beanspruchung bedingte, dass die Partikel strukturell desintegrierten und in feine Fragmente zerbrachen, was wiederum dazu führte, dass die Wasserphase milchig-trüb wurde (Abbildung 53).

Abbildung 53: IMMALC350 vor (links) und nach (rechts) 60 min Rühren in Wasser unter Verwendung eines Magnetrührers.

IMMALC350-Partikel mit 40 und 50 % Silicon sahen nach der gleichen Beanspruchung nahezu unverändert aus. Zur qualitativen Bestimmung wurde die mechanische Stabilität über die Korngrößenverteilung vor und nach Beanspruchung untersucht. Die Proben wurden mit 2 g Glaskugeln für 10 min in einer Schwingmühle bei 30 Hz geschüttelt und anschließend mittels Analysensieben fraktioniert. Dabei zeigte sich, dass unbeschichtetes IMMALC350 durch diese mechanische Beanspruchung stark beschädigt wurde und sich die durchschnittliche Korngröße nach links verschob (Abbildung 54). Die beiden mit siliconbeschichteten Präparate (40 und 50 %) gingen unverändert aus diesem Test hervor, was als klarer Nachweis der stabilisierenden Wirkung von Silicon auf die mechanischen Eigenschaften von IMMALC350 angesehen werden kann. Die Korngrößenverteilungen von IMMALC350 mit 40 und 50 % Silicon vor mechanischer Beanspruchung unterscheiden sich nicht vom IMMALC350 ohne Silicon und sind aufgrund der besseren Übersichtlichkeit nicht in Abbildung 54 gezeigt.

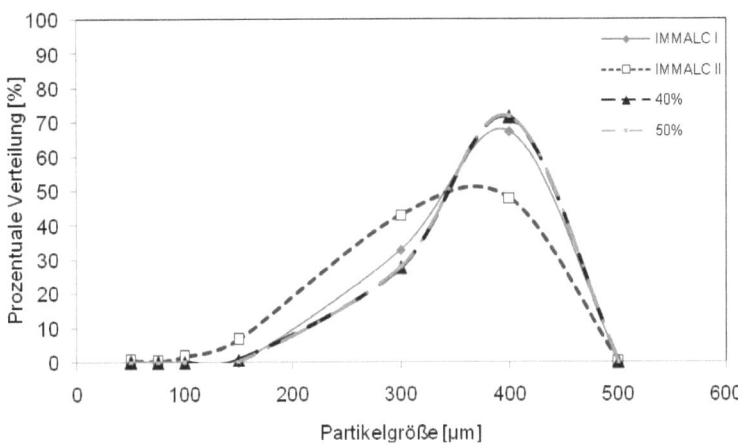

Abbildung 54: Prozentuale Korngrößenverteilung von unbeschichtetem IMMALC350 vor (IMMALC I) und nach (IMMALC II) mechanischer Beanspruchung sowie IMMALC350 mit 40 und 50 % Silicon (A100/B5) nach mechanischer Beanspruchung.

Der Grund für die beobachtete Stabilisierung basiert aller Wahrscheinlichkeit nach ebenfalls auf dem vollständigen, homogenen Durchdringen und Auffüllen des Trägerporenvolumens mit Siliconpolymer, wie anhand von REM-EDX-Messungen an Partikelquerschnitten analog zum Novozym 435 gezeigt wurde.

3.3.5 Laccasen

Laccasen (EC 1.10.3.2) sind kupferhaltige Enzyme aus der Enzymklasse der Oxidoreduktasen, die in zahlreichen Mikroorganismen, Pilzen und Pflanzen vorkommen. Sie werden aufgrund ihrer Substratspezifität auch als Polyphenoloxidasen bezeichnet. Sie spielen eine wichtige Rolle beim Holzabbau und dem Aufschluss des ansonsten biologisch schwerzugänglichen Lignins, da sie in der Lage sind, gekoppelte Oxidationen phenolischer Substrate durch Reduktion von Sauerstoff zu katalysieren [Piontek *et al.*, 2002]. Weitere Einsatzgebiete von Laccasen liegen in der Lebensmittelindustrie, der Biosensorik und der Aufbereitung bzw. Entgiftung von Abwässern [Niedermeyer *et al.*, 2005]. Darüber hinaus haben Laccasen in letzter Zeit wachsendes Interesse als Katalysatoren für organische Synthesen erlangt [Riva, 2006]. Laccasen benötigen als Cofaktor nur molekularen Sauerstoff und sind dadurch einfacher in der Handhabung als andere Oxidoreduktasen, die bspw. NAD(P)H oder FAD als Cofaktoren benötigen.

Aufgrund der guten Verfügbarkeit wurde in dieser Arbeit die Laccase aus *Myceliophthora thermophilia* verwendet, die als Flüssigpräparat unter der Bezeichnung Flavostar von Novozymes (Dänemark) vertrieben wird. Zudem verfügt diese Laccase über eine gewisse Beständigkeit gegenüber organischen Lösungsmitteln wie Tetrahydrofuran, Chloroform und Toluol [Hollmann *et al.*, 2008]. Diese Stabilität erhöht die Wahrscheinlichkeit, dass die Laccase die Siliconbeschichtung unbeschadet übersteht. Da es gegenwärtig keine kommerziell erhältlichen Laccaseimmobilisate als Ausgangsmaterial für die Siliconbeschichtung gibt, wurden eigene Immobilisate hergestellt. Dazu wurden Lewatit VP OC 1600-Partikel (vgl. Kapitel 3.3.2.1 und 3.3.3) mit Flavostar (Proteinanteil von 14,5 $mg_{Protein}$/mL) nach folgendem Protokoll beladen: 1,5 g VP OC 1600 wurden mit 10 mL 1:2 mit Wasser verdünnter Enzymlösung für 45 in einem verschließbaren Plastikgefäß im Überkopfschüttler bei RT geschüttelt. Anschließend wurde der Überstand verworfen und die Partikel 3 Mal vorsichtig mit 50 mL Aqua dest. gespült und bei RT 3 h getrocknet. Anhand der Abnahme der Proteinkonzentration im Überstand nach der Beschichtung und im Waschwasser, wurde eine Beladungsdichte von 4,5 $mg_{Protein}$/$g_{Träger}$ bestimmt. Die Enzymlösung Flavostar hatte eine Aktivität von 965 U/mL, was einer spezifischen Aktivität von 66,5 U/$mg_{Protein}$ entspricht. Die Laccase-Immobilisate wurden anschließend nach bewährter Methode mit Silicon beschichtet. Für die Bestimmung der Aktivitätsausbeuten nach den einzelnen Verfahrensschritten diente als Aktivitätstest die Laccase-katalysierte Oxidation von ABTS bei 37 °C (s. Abbildung 55), die durch photometrische Quantifizierung des ABTS$^+$ bei 405 nm verfolgt wurde.

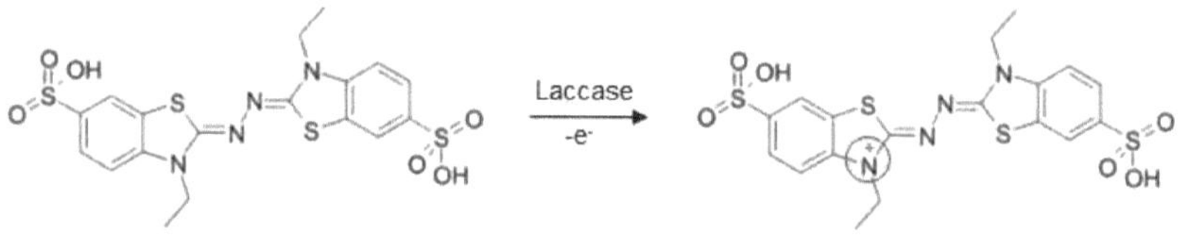

Abbildung 55: Laccase-katalysierte Oxidation von 2.2´-Azinobis-(3-ethylbenzthiazolin-6-sulfonsäure) (ABTS).

Bereits das selbst hergestellte Laccaseimmobilisat ohne Siliconbeschichtung zeigte nur eine geringe Ausgangsaktivität von 0,41 U/$g_{Immob.}$, was bei der angenommenen Beladungsdichte von 4,5 $mg_{Protein}$/$g_{Träger}$ einer spezifischen Aktivität von 91 U/$g_{Protein}$ und damit einer Abnahme der spezifischen Aktivität um 98,6 % entspricht. Da aus Zeitgründen auf eine aufwändige Optimierung des Beladungsprotokolls verzichtet werden musste und an dieser Stelle lediglich die grundlegende Machbarkeit aufgezeigt werden sollte, wurde dieses Immobilisat mit 44 % Silicon (A100/B5) beschichtet und erneut die Aktivität bestimmt. Diese lag bei 0,022 U/$g_{Immob.}$ was einer spezifischen

Aktivität von 14,6 U/g$_{Protein}$. und damit einer Restaktivität von 5,4 % gegenüber dem unbeschichtetem Laccaseimmobilisat entspricht. Der zusätzliche Aktivitätsverlust durch die Siliconbeschichtung basiert vermutlich darauf, dass die großen und hydrophilen ABTS-Moleküle nur sehr langsam durch die hydrophobe Siliconmatrix diffundieren können. Massentransferlimitierungen sind ein allgemein bekanntes Problem bei der Einkapslung von Enzymen, die sich in Form von Aktivitätseinbußen äußern, wobei diese aber in Abhängigkeit des Reaktionssystems unterschiedlich stark ausgeprägt sein können. Als weitere Möglichkeit kommt in Betracht, dass die Siliconmonomere bzw. der Karstedt-Katalysator in direkte Wechselwirkung mit dem katalytisch aktiven Cu-Cluster der Laccase [Riva, 2006] treten und diesen in seiner Funktionalität beinträchtigen. Aufgrund der geringen Ausgangsaktivität erschienen weiterführende Untersuchungen der Leachingstabilität und der mechanischen Stabilität unangebracht. Zur abschließenden Beurteilung der Frage, ob die Siliconbeschichtung auch für Laccasen und damit für Enzyme, die nicht zu den Hydrolasen gehören, geeignet ist, sind weitere Untersuchungen dringend anzuraten. Zukünftige Anstrengungen sollten sich insbesondere auf die Suche nach geeigneten Trägermaterialien für die Laccaseimmobilisierung und die gezielte Anpassung der Silicone an die jeweiligen Reaktionsbedingungen konzentrieren.

3.3.6 Fazit: Ausweitung der Siliconbeschichtung auf andere Enzymimmobilisate

In den vorangegangenen Kapiteln konnte exemplarisch gezeigt werden, dass neben dem bekannten Lipaseimmobilisat Novozym 435 auch andere Enzymimmobilisate auf Basis von Lipasen, Esterasen, Proteasen und Laccasen grundlegend für eine Beschichtung mit Silicon geeignet sind. Die Ergebnisse dieser Arbeit legen den Schluss nahe, dass drei Faktoren wesentlichen Einfluss darauf haben, ob die entwickelte Siliconbeschichtung für ein trägergebundenes Enzymsystem geeignet ist oder nicht:

Erstens sind die ***Materialeigenschaften des Trägers*** ein entschiedenes Kriterium. Idealerweise sollten makroporöse, hydrophobe Träger verwendet werden, die über ausreichend hohe spezifische Oberflächen und Porenvolumina verfügen. Dies garantiert einerseits eine ausreichend Bindungsfläche für die Enzyme und damit hohe Ausgangsaktivitäten, und andererseits können die Siliconmonomere frei durch das Porenvolumen diffundieren und ins Partikelinnere eindringen. Da die Silicone stark hydrophob sind und mit 16-21 mN/m über sehr niedrige Oberflächenspannungen verfügen [Deng et al., 2007], dringen sie vorzugsweise in ebenfalls hydrophobe Partikel ein. Erst dieses „hydrophobe Zusammenspiel" reduziert potentielle Wechselwirkungen zwischen Partikeloberfläche und Silicon auf ein absolutes Minimum und ermöglicht ein schnelles und vollständiges Durchdringen des gesamten Porenvolumens. Damit scheint die allgemeine Eignung der Beschichtung unter Einsatz der beschrieben Polydimethylsiloxane auf poröse Träger mit hydrophoben Oberflächen beschränkt zu sein. Zur Erweiterung des Spektrums auf hydrophile Trägersysteme sollten Silicone oder andere Polymere verwendet werden, die durch gezieltes Einfügen hydrophiler Funktionalitäten an die jeweiligen Trägereigenschaften angepasst wurden.

Ein zweiter wichtiger Faktor findet sich in den *spezifischen Eigenschaften der Enzyme*. Insbesondere die Stabilität gegenüber den inaktivierenden Einflüssen organischer Lösungsmittel ist ein wichtiger Parameter, da bei der entwickelten Beschichtungsmethode die Siliconmonomere in Cyclohexan, Methylcyclohexan oder Toluol gelöst werden müssen, bevor diese mit den Enzympräparaten gemischt werden. Ein direkter Kontakt zwischen Enzym und Lösungsmittel ist dadurch unvermeidbar und könnte bei empfindlichen Enzymen zu dessen Deaktivierung führen. Abhilfe könnte lediglich die lösungsmittelfreie Beschichtung im Wirbelschichtverfahren schaffen, wie sie in Kapitel 3.2.3 beschrieben wurde. Darüber hinaus kann davon ausgegangen werden, dass die katalytische Flexibilität und die Möglichkeit notwendiger Konformationsänderungen der immobilisierten Enzyme in weiten Teilen eingeschränkt werden, wenn diese vom Siliconelastomer umschlossen werden – unter diesen Bedingungen scheint der Einsatz Cofaktor-abhängiger Enzyme, die ein besonders hohes Maß an Beweglichkeit benötigen, wenig aussichtsreich. Dies schränkt die Auswahl geeigneter Biokatalysatoren zusätzlich ein, muss aber von Fall zu Fall untersucht werden.

Ein dritter ebenfalls sehr wichtiger Faktor, der in dieser Arbeit nicht weiter untersucht werden konnte, ist die geeignete *Auswahl der Reaktionssysteme* in Abhängigkeit der gewählten Silicone bzw. *vice versa* die gezielte *Anpassung der Siliconeigenschaften an die jeweiligen Reaktionsbedingungen*. Aller Wahrscheinlichkeit nach beeinflussen Parameter wie Polarität und Größe der Substratmoleküle sowie die Beschaffenheit des Reaktionsmediums das Diffusionsverhalten der Moleküle durch die Siliconschicht. Es kann davon ausgegangen werden, dass größere Moleküle nur sehr langsam oder gar nicht durch die Siliconschicht diffundieren können. Genauso ist zu erwarten, dass hydrophile Moleküle ebenfalls nur verlangsamt durch die stark hydrophoben Siliconschichten diffundieren. Dies zöge in beiden Fällen deutliche Aktivitätsverluste aufgrund von Diffusionslimitierungen nach sich. Zudem beeinflusst die Wahl des Reaktionsmediums das Quellungsverhalten der applizierten Siliconschicht und damit wiederum das Diffusionsverhalten der Substrat- und Produktmoleküle. Zukünftige Arbeiten sollten sich daher darauf konzentrieren, den Grad der Hydrophilie der Siliconpolymere durch Einfügen von Funktionalitäten gezielt zu modifizieren oder über Änderungen der Netzwerkdichten im

Siliconpolymer dessen Durchlässigkeit für Substrate und Produkte zu verbessern. Auf diese Weise besteht zumindest theoretisch die Möglichkeit, die Silicone an die benötigten Reaktionsbedingungen gezielt anzupassen, um bestmögliche Diffusionsraten und Aktivitäten zu erreichen. Erste Versuche unter Verwendung hydrophilerer Polyethersilicone, die in dieser Arbeit erstmalig zu diesem Zweck eingesetzt wurden, konnten erfolgreich zur Beschichtung von Novozym 435-Partikeln eingesetzt und patentiert werden (Patent: US20100055760).

4 Zusammenfassung

Charakteristische Probleme, die sich häufig bei der Verwendung adsorptiv an Träger gebundener Enzyme wie bspw. Lipasen ergeben, sind eine allmähliche Desorption der Enzyme im Reaktionsverlauf (*Enzymleaching*) sowie eine für kontinuierliche oder repetitive Nutzung unzureichende mechanische Stabilität der Träger. Diese Limitierungen können zu Problemen bei der Prozessführung und zu deutlichen Abnahmen der Katalysatorstandzeiten führen. Zum gegenwärtigen Zeitpunkt ist kein Lipaseimmobilisat erhältlich, das neben entsprechenden katalytischen Eigenschaften über ausreichend hohe Stabilitäten verfügt, um einen dauerhaften und wirtschaftlichen Einsatz in technischen Prozessen mit hohen Leistungseinträgen zu gewährleisten. Die Emollientestersynthese unter Verwendung des kommerziellen Lipaseimmobilisates Novozym 435 ist ein Paradebeispiel für einen erfolgreichen Bioprozess, der allerdings gegenwärtig aufgrund genannter Limitierungen auf den Einsatz im Festbettreaktor beschränkt ist.

In der vorliegenden Arbeit wurde eine neue Methode zur Beschichtung von Enzymimmobilisaten entwickelt, die zur Erhöhung der mechanischen Stabilität führt und vor *Enzymleaching* schützt, ohne jedoch dadurch unwirtschaftliche Aktivitätseinbußen zu verursachen. Als *state-of-the-art*-Biokatalysator diente das kommerzielle Lipasepräparat Novozym 435 (adsorptiv an Polymethylmethacrylat-Träger gebundene Lipase B aus *Candida antarctica*), das mit 2-Komponenten Siliconen beschichtet wurde. Die Silicone bestanden aus α,ω-terminierten Divinylsiloxanen unterschiedlicher Kettenlängen, die mit SiH-Siloxanen unterschiedlicher Vernetzungsmöglichkeiten bei Raumtemperatur polymerisieren und zur Ausbildung fester Siliconelastomere führen. Die Siliconmengen, die zur Beschichtung von Novozym 435 eingesetzt wurden, variierten im Bereich zwischen 30-60 % (w/w) Silicon bezogen auf das Gesamtgewicht der beschichteten Immobilisate. Eine eingehende Charakterisierung der Partikeleigenschaften anhand raster- und transmissionselektronenmikroskopischer Methoden zeigte, dass die Silicone bei der Beschichtung das gesamte Porenvolumen der Partikel homogen durchdringen und allmählich auffüllen. Ab Siliconanteilen von 54 % konnte eine äußere Siliconschicht auf der Partikeloberfläche nachgewiesen werden, wobei eine weitere Erhöhung der Siliconanteile auf mehr als 56 % bereits zum Agglomerieren der Partikel führte. Anhand dieser Ergebnisse können die neuartigen siliconbeschichteten Novozym 435-Partikel als Kompositpartikel (*skeletal or interpenetrating network composites*) definiert werden. Diese Kompositstruktur bewirkt eine Erhöhung der mechanischen Stabilität: Während unbeschichtetes Novozym 435 nach gezielter mechanischer

Beanspruchung deutliche strukturelle Beschädigungen aufwies, gingen die Partikel mit Siliconanteilen >50 % nahezu intakt aus dieser Behandlung hervor. Die Stabilität der Partikel nahm mit steigenden Siliconanteilen zu, wobei bereits geringere Siliconanteile (30-50 %) auch ohne Ausbildung einer Oberflächenschicht eine Stabilisierung herbeiführten. Die guten Resultate legen die Vermutung nahe, dass die neuartigen siliconbeschichteten Enzympräparate bereits über ausreichend mechanische Stabilität für einen repetitiven Einsatz in der Blasensäule und ggf. sogar im Rührwerksreaktor verfügen.

Der zweite wesentliche Vorteil der Siliconbeschichtung äußerte sich in einer deutlichen Verbesserung der Leachingstabilität der Immobilisate unter besonders harschen Reaktionsbedingungen. In dieser Arbeit konnte gezeigt werden, dass desorptionsbedingte Proteinverluste in Gegenwart von Cosolventien durch Beschichtung von Novozym 435 mit 50-60 % Silicon um bis zu 88 % reduziert werden konnten. Dieser Effekt konnte zudem anhand der Restaktivitäten der Partikel nach *Enzymleaching* bestätigt werden: Während Novozym 435 unter diesen Bedingungen vollständig inaktiviert wurde, nahmen die prozentualen Restaktivitäten der beschichteten Partikel mit steigenden Siliconanteilen sukzessive zu, um bei 54-58 % Siliconanteil maximale Restaktivitäten von 60 % zu erreichen. Ab 54 % Siliconanteil konnte ein sprunghafter Anstieg der Leachingstabilität festgestellt werden, der auf der Ausbildung einer gleichmäßigen Siliconschicht an der Partikeloberfläche beruht. Auch beim Einsatz unter prozessnahen Bedingungen der Emollientestersynthese, die durch Inkubation der Partikel in einem stark tensidischen Produktgemisch simuliert wurde, konnte eine vergleichbar deutliche Zunahme der Leachingstabilität nachgewiesen werden. Diese Bedingungen führten zu einem Rückgang der Ausgangsaktivität von Novozym 435 für die Propyllauratsynthese auf 52 %. Demgegenüber verfügte Novozym 435 mit 54 % und mit 58 % Siliconanteil über Restaktivitäten von 91,8 % bzw. von über 97 %.

Die für einen wirtschaftlichen Einsatz im technischen Maßstab wichtigen hohen katalytischen Aktivitäten der neuartigen Lipaseimmobilisate wurden im Rahmen dieser Arbeit anhand der lösungsmittelfreien Propyllauratsyntheseaktivität (PLU: Propyllaurat *Units*) bestimmt. Diese Synthese gilt als Referenzreaktion für die industrielle Herstellung von Emollientestern. Genauer untersucht wurden die Aktivitäten von Novozym 435 mit 50-60 % Siliconanteil, wobei zudem sechs unterschiedliche Monomerkombinationen verwendet wurden, die aufgrund unterschiedlicher Kettenlängen und Vernetzungsvarianten zur Ausbildung unterschiedlicher Polymernetzwerkdichten im Silicon führten. Gegenüber unbeschichtetem Novozym 435 (7.307 PLU/$g_{Novozym435}$) lagen die

Aktivitätsausbeuten der siliconbeschichteten Partikel aufgrund von Massentransferlimitierungen um durchschnittlich 50 % unter dem Ausgangswert. Dabei nahmen die Aktivitätsausbeuten mit steigenden Siliconanteilen sukzessive von maximal 67 % (4.878 PLU/$g_{Novozym435}$) bei 50 % Silicon bis auf 35 % (2.526 PLU/$g_{Novozym435}$) bei 60 % Silicon ab. Trotz dieser Verluste liegen die Aktivitäten von siliconbeschichtetem Novozym 435 in einem für technische Anwendungen interessanten Bereich. Erste Versuchsreihen zur technischen Herstellung von Emollientestern in einer Blasensäule unter Nutzung der stabilisierten Enzymimmobilisate in den Laboren der Evonik Goldschmidt AG zeigten, dass die Katalysatorstandzeiten gegenüber Novozym 435 um den Faktor 3,9 erhöht werden konnten. Insgesamt zeigte Novozym 435 mit Siliconanteilen von 50 bis 54 % das beste Verhältnis zwischen ausreichend hoher Aktivität und beträchtlichen Stabilitäten gegenüber mechanischer Beanspruchung und *Enzymleaching*.

Auf Basis dieser Ergebnisse wurde zudem versucht, ein *Scale-up*-fähiges Herstellungsverfahren zu entwickeln. Dabei zeigte sich, dass weder einfache *Dip-Coating*-Verfahren noch die Verwendung eines Pelletiertellers homogene Beschichtungsresultate zuließen. Dem entgegen ermöglichte die Verwendung eines Wirbelschichtreaktors, in dem die Silicone via Zweistoffdüse auf die fluidisierten Partikel aufgebracht wurden, akzeptable Beschichtungsergebnisse. Allerdings lagen die maximalen Beschichtungsmengen dieses Verfahrens mit ca. 44 % Silicon noch zu niedrig, da die Zugabe größerer Siliconmengen aufgrund verstärkter Partikelagglomeration ein vorzeitiges Zusammenbrechen des Wirbelbetts verursachte. Weiterführende Arbeiten sowie zusätzliche Optimierungen dieser Methode sind notwendig, um die Basis für eine mögliche Implementierung auf Prozessebene zu schaffen.

Ferner konnte exemplarisch gezeigt werden, dass die neu entwickelte Methode zur Siliconbeschichtung mit Einschränkungen auch auf weitere Enzymimmobilisate, wie Esterase-, Protease-, Laccase und andere Lipasepräparate übertragen werden konnte.

5 Literatur

AEHLE, W. Enzymes in Industry: Production and Applications. **2007**, Wiley-VCH, Weinheim 3. Auflage. ISBN: 978-3-527-31689-2.

ANDERSON, E.M., LARSSON, K.M., KIRK, O. One biocatalyst – many applications: the use of *Candida antarctica* B-Lipase in organic synthesis. *Biocatal. Biotransformation.* **1998**, 16, 181-204.

ANSETH, K.S., BOWMAN, C.N., BRANNON-PEPPAS, L. Mechanical properties of hydrogels and experimental determination. *Biomaterials.* **1996**, 17, 1647-1657.

ANTONYUK, S., TOMAS, J., HEINRICH, S., MÖRL, L. Breakage behaviour of spherical granulates by compression. *Chem. Eng. Sci.* **2005**, 60, 4031-4044.

AZERAD, R. Application of biocatalysts in organic synthesis. *Bull. Soc. Chim. Fr.* **1995**, 132, 17-51.

BARTZOKA, V., MCDERMOTT, M.R., BROOK, M.A. Protein-silicone interactions. *Adv. Mater.* **1999**, 11 (3), 257-259.

BEVAN, M.W., FRANSSEN, M.C.R. Editorial: Investing in green and white biotechnology. *Nature Biotechnol.* **2006**, 24 (7), 765-767.

BLANKO, R.M., TERREROS, P., FERNÁNDEZ-PÉREZ, M., OTERO, C., DIAZ-GONZÁLEZ, G. Functionalization of mesoporous silica for lipase immobilization: Characterization of the support and the catalyst. *J. Mol. Catal., B Enzym.* **2004**, 30, 83-93.

BOMMARIUS, A.S., RIEBEL, B.R. Biocatalysis. **2004**. Wiley-VCH, Weinheim. 1. Auflage. ISBN: 3-527-30344-8

BORNSCHEUER, U.T.., KAZLAUSKAS, R.J. Hydrolases in organic synthesis. **1999**. Wiley-VCH Weinheim. 2. Auflage. ISBN: 352730448.

BORNSCHEUER, U.T. Microbial carboxyl esterases: classification, properties and application in bioacatalysis. *FEMS Microbiol. Rev.* **2002**, 26, 73-81.

BRADFORD, M.M. A rapid sensitive method for the quantification of microgram quantities of protein-dye-binding. *Anal. Chem.* **1976**, 72, 248-254.

BRADY, L., BRZOZOWSKI, A. M., DEREWENDA, Z. S., DODSON, E., DODSON, G., TOLLEY, S., TURKENBURG, J.P., CHRISTIANSEN, L., HUGE-JENSEN, B., NORSKOV, L., THIM, L., MENGE, U. A serine protease triad forms the catalytic centre of a triacylglycerol lipase. *Nature.* **1990**, 343, 767-770.

BREUER, M., DITRICH, K., HABICHER, T., HAUER, E., KEßELER, M., STÜRMER, R., ZELINSKI, T. Industrial methods for the production of optically active intermediates. *Angew. Chem. Int. Ed. Engl.* **2004**, 43, 788-824.

BRUNAUER, S., EMMETT, P.H, TELLER, E. Adsorption of gases in multimolecular layers. *J. Am. Chem. Soc.* **1938**, 60 (2), 309-319.

BRUNO, L.M., COELHO, J.S., MELO, E.H.M., LIMA-FILHO, J.L. Characterization of *Mucor miehei* lipase immobilized on polysiloxane-polyvinyl alcohol magnetic particles. *World J. Microbiol. Biotechnol.* **2005**, 21, 189-192.

BUCHHOLZ, K., KASCHE, V. Biokatalysatoren und Enzymtechnologie. **1997**. Wiley-VCH, Weinheim. ISBN: 3-527-28238-6.

BURKHART, G., DRÖSE, J., DUDZIK, H., KLEIN, K.D., KNOTT, W., MÖHRING, V. Equilibration of siloxanes. **2007**. US-Patent 7,196,153(B2).

BUTHE, A., KAPITAIN, A., HARTMEIER, W., ANSORGE-SCHUMACHER, M.B. Generation of lipase-containing static emulsion in silicone spheres for synthesis in organic media. *J. Mol. Cat. B: Enzymatic.* **2005**, 35, 93-99.

BUTHE, A. Charakterisierung und rationale Immobilisierung von Lipasen in biphasischen Reaktionssystemen. Dissertation an der Mathematisch-Naturwissenschaftlichen Fakultät der RWTH Aachen. **2006**. Shaker Verlag Aachen. ISBN: 3-8322-5516-8.

CABRERA, Z., FERNANDEZ-LORENTE, G., FERNANDES-LAFUENTE, R., PALOMO, J. M., GUISAN, J.M. Novozym 435 displays very different selectivity compared to lipase from *Candida antarctica* B adsorbed on other hydrophobic supports. *J. Mol. Catal. B,* **2009**, 57, 171-176.

CAO, L. Carrier-bound immobilized enzymes. Principles, Applications and Design. **2005**. Wiley-VCH, Weinheim. ISBN: 3-527-31232-3.

CAREY, J.S., LAFFAN, D., THOMSON, C., WILLIAMS, M.T. Analysis of the reactions used for the preparation of drug candidate molecules. *Org. Biomol. Chem.* **2006**, 4 (12), 2337–2347.

CARLEYSMITH, S.W., LILLY, M.D. Deacylation of benzylpenicillin by immobilized penicillin-acylase in a continuous four-stage stirred tank reactor. *Biotechnol. Bioeng.* **1979**, 21, 1057-1073.

CHEN, B., MILLER, E.M., MILLER, L., MAIKNER, J.J., GROSS, R.A. Effects of macroporous resin size on *Candida antarctica* lipase B adsorption, fraction of active molecules, and catalytic activity for polyester synthesis. *Langmuir.* **2007a**, 23, 1381-1387.

CHEN, B., MILLER, M.E., GROSS, R. Effects of porous polystyrene resin parameters on *Candida antarctica* lipase B adsorptoin, distrubution, and polyester synthesis activity. *Langmuir.* **2007b**, 23, 6467-6474.

CHEN, B., HU, J., MILLER, E.M., XIE, W., CAI, M., GROSS, R.A. *Candida antarctica* lipase B chemically immobilized on epoxy-activated micro- and nanobeads: Catalysts for polyester synthesis. *Biomacromolecules.* **2008**, 9, 463-471.

COLE, G., HOGAN, J., AULTON, M.E. Pharmaceutical coating technology. **1995**. Informa Health Care, London. ISBN: 9780136628910.

COMPTON, R.A. Silicone manufacturing for long-term implants. *J. Long Term Eff. Med. Implants.* **1997**, 7 (1), 29-54.

DENG, X., LUO, R., CHEN, H., LIU, B., FENG, Y., SUN, Y. Synthesis and surface properties of PDMS–acrylate emulsion with gemini surfactant as co-emulsifier. *Colloid Polym Sci.* **2007**, 285, 923-930.

DISLICH, H., HUSSMANN, E. Amorphous and crystalline dip coatings obtained from organo-metallic solutions: procedures, chemical process and products. *Thin Solid Films.* **1981**, 77, 129-139.

DOURTOGLOU, T., STEFANOU, E., LALAS, S., DOURTOGLOU, V., POULOS, C. Quick regio-specific analysis of fatty acids in triacylglycerols with GC using 1,3-specific lipase in butanol. *Analyst.* **2001**, 126, 1032-1036.

DREPPER, T., EGGERT, T., HUMMEL, W., LEGGEWIE, C., POHL, M., ROSENAU, F., WILHELM, S., JAEGER, K-E. Novel biocatalysts for white biotechnology. *Biotechnol. J.* **2006**, 1, 777-786.

DYBDAHL HEDE, P. Fluid bed particle processing. **2006**. 1. Editon. Ventus ISBN: 8776811530.

END, N., SCHÖNING, K.U. Immobilized Biocatalysts in Industrial Research and Production. *Top Curr Chem.* **2004**, 242, 273-317.

FEHRINGER, G. Herstellung von Schichten aus Nanopartikeln über das Dip-Coating-Verfahren mit wässrigen Suspensionen, über atmosphärisches Plasmaspritzen und über Elektroschmelzsprühen. Dissertation an der Universität des Saarlandes. **2008**.

FERNANDES, J.F.A., MCALPINE, M., HALLING, P.J. Operational stability of subtilisin CLECs in organic solvents in repeated batch and in continuous operation. *Biochem. Eng. J.* **2005**, 24, 11-15.

FESSNER, W.D., ANTHONSEN, T. Modern Biocatalysis: Stereoselective and environmentally friendly reactions. **2009**. Wiley-VCH, Weinheim. ISBN: 978-3-527-32071-4.

FREY, L. Mit Samthandschuhen – Sensible Produkte in der Wirbelschicht schonend trocknen. *Chemietechnik: Pharma & Food.* **2005**, 6, 32-34.

GILL, I., BALLESTEROS, A. Encapsulation of biologicals within silicate, siloxane, and hybrid Sol-Gel polymers: An efficient and generic approach. *JACS.* **1998**, 120, 8587-8598.

GILL, I., PASTOR, E., BALLESTEROS, A. Lipase-silicone biocomposites: Efficient and versatile immobilized biocatalysts. *JACS.* **1999**, 131, 9487-9496.

GOTOR-FERNÁNDEZ, V., BUSTO, E., GOTOR, V. *Candida antarctica* Lipase B: An ideal biocatalyst for the preparation of nitrogenated organic compounds. *Adv. Synth. Catal.* **2006**, 348, 797-812.

GROCHULSKI, P., SCHRAG, Y., CYGLER, M. Two conformational states of *Candida rugosa* lipase. *Protein Sci.* **1994**, 268, 12843-12847.

GROSS, R.A., KUMAR, A., KALRA, B. Polymersynthesis by in Vitro Enzyme Catalysis. *Chem. Rev.* **2001**, 101, 2097-2124.

GRÜNDER, W., HILDENBRAND, H. Untersuchung der Arbeitsweise eines Labor-Pelletiertellers. *CIT.* **1961**, 11, 749-753.

GUEGUEN, Y., CHEMARDIN, P., JANBON, G., ARNAUD, A., GALZY, P. A very efficient β-glucosidase catalyst for the hydrolysis of flavor precursors of wines and fruit juices. *J. Agric. Food Chem.* **1996**, 44, 2336-2340.

GUPTA, R., BEG, Q.K., LORENZ, P. Bacterial alkaline protease: molecular approaches and industrial applications. *Appl. Microbiol. Biotechnol.* **2002**, 59, 15-32.

HANEFELD, U., GARDOSSI, L., MAGNER, E. Understanding enzyme immobilisation. *Chem. Soc. Rev.* **2009**, 38, 453-468.

HARTMEIER, W. Immobilisierte Biokatalysatoren. 1986. Springer Verlag, Berlin/Heidelberg. ISBN: 3-540-16335-2.

HEINSMANN, N.W.J.T., SCHROËN, C.G.P.H., PADT V.D., A., FRANSSEN, M.C.R., BOOM, R.M., VAN'T RIET, K. Substrate sorption into the polymer matrix of Novozym 435® and its effect on the enantiomeric ratio determination. *Tetrahedron: Asymmetry.* **2003**, 14 (18), 2699-2704.

HILGERS, C. Entwicklung neuer Wirkstoff-Freisetzungssysteme zur Modifizierung etablierter Medizinprodukte. Dissertation an der Mathematisch-Naturwissenschaftlichen Fakultät der RWTH Aachen. **2001**.

HILLS, G. Industrial use of lipases to produce fatty acid esters. *Eur J Lipid Sci Technol.* **2003**, 105, 601-607.

HILTERHAUS, L., THUM, O., LIESE, A. Reactor concept for lipase-catalyzed solvent-free conversion of highly viscous reactants forming two-phase systems. *Org Process Res Dev.* **2008**, 12, 618-625.

HOLLMANN, F., GUMULYA, Y., TÖLLE, C., LIESE, A., THUM, O. Evaluation of the laccase from *Myceliophthora thermophila* as industrial biocatalyst for polymerization reactions. *Macromolecules.* **2008**, 41 (22), 8520-8524.

HÄRKÖNEN, H., KOSKINEN, M., LINKO, P., SIIKA-ABO, M., POUTANEN, K. Granulation of enzyme powders in a fluidised bed spray granulator. *Lebensmittel-Wissenschaft und-Technologie.* **1993**, 26 (3), 235-241.

HÄRING, D., HAUER, B., BECKER, S. Enzymatic synthesis of Poly(oxyalkylene)-acrylamides. **2006**. Patent, EP20060754774.

ILLES, A. Shifting to green chemistry: The need for innovations in sustainability marketing. *Bus. Strat. Env.* **2006**, 17 (8), 524-535.

JAEGER, K.E., REETZ, M.T. Microbial lipases from versatile tools for biotechnology. *Trends Biotechnol.* **1998**, 16, 396-403.

JAKOB, M. Granulation in Handbook of Powder Technology, Volume 2. **2007**. Elsevier B.V. ISBN: 0-444-51871-1.

JEROMIN, G.E., ZOOR, A. A new irreversible enzyme-aided esterification method in organic solvent. *Biotechnol. Lett.* **2008**, 30, 925-928.

KARSTEDT, B.D. Platinum-vinylsiloxanes. U.S. Patent 3,715,334, **1973**.

KENZ, B., KRÜCKENBERG, S., WEIßBRODT, J. Chancen und Grenzen der Mikroverkapselung in der modernen Lebensmittelverarbeitung. *CIT.* **2003**, 75 (11), 1733-1740.

KIRK, O., CHRISTENSEN, W.M. Lipases from *Candida antarctica*: Unique biocatalysts from a unique origin. *Org Process Res Dev.* **2002**, 6, 446-451.

KRISTENSEN, J.B., XU, X., MU, H. Diacylglycerol synthesis by enzymatic glycerolysis: screening of commercially available lipases. *JAOCS.* **2005**, 82 (5), 329-334.

KUMAR, C.G., TAKAGI, H. Microbial alkaline proteases: From a bioindustrial viewpoint. *Biotechnol. Adv.* **1999**, 561-594.

KUTZ, G., WOLF, A. Pharmazeutische Produkte und Verfahren. **2007**. Wiley-VCH, Weinheim. ISBN: 3527312226.

KVITTINGEN, L. Some aspects of biocatalysis in organic solvents. *Tetrahedron.* **1994**, 50, 8253-8274.

LARSEN, M.W, ZIELINSKA, D., MARTINELLE, M., HILDALGO, A., JENSEN, L.J., BORNSCHEUER, U.T., HULT, K. Suppression of water as a nucleophile in *Pseudozyma (Candida) antarctica* lipase B catalysis. *New Biotechnology.* **2009**, 25 (1), 127.

LIESE, A., SEELBACH, K., WANDREY, C. Industrial biotransformations. **2000**. VCH-Wiley, Weinheim. ISBN: 978-3-527-31001-2.

LINTON, K., STONE, P., WISE, J. Patenting trends & innovation in industrial biotechnology. *Ind. Biotechnol.* **2008**, 4 (4), 367-390.

LOZANO, P., PÉREZ-MARIN, A.B., DE DIEGO, T., GÓMEZ, D., PAOLUCCI-JEANJEAN, D., BELLEVILLE, M.P., RIOS, G.M., IBORRA, J.L. Active membranes coated with immobilized *Candida antarctica* lipase B: preparation and application for continuous butyl butyrate synthesis in organic media. *J. Memb. Sci.* 2002, 201, 55-64.

LÓPEZ-GARCÍA, M., ALFONSO, I., GOTOR, V. Highly efficient biocatalytic resolution of cis- and trans-3-Aminoindan-1-ol: Synthesis of enantiopure orthogonally protected cis- and trans-Indan-1,3-diamine. *Chemistry.* **2004**, 10 (12), 3006-3014.

LORENZ, P., ECK, J. Screening for novel industrial biocatalysts. *Eng. Life Sci.* **2004,** 4 (6), 501-504.

LUTZ, S. Engineering lipase B from *Candida antarctica. Tetrahedron: Asymmetry.* **2004**, 15, 2743-2748.

MAAG, H. Fatty acid derivatives: Important surfactants for household, cosmetic and industrial purposes. *J. Am. Oil. Chem. Soc.* **1984**, 61, 259-267.

MALOCHKIN, O., SEO, W.S., KOUMOTO, K. Thermoelectric properties of $(ZnO)_5In_2O_3$ single crystal grown by a flux method. *Jpn. J. Appl. Phys.* **2004**, 43, 194-196.

MARGESIN, R, SCHINNER, F. Biotechnological applications of cold-adapted organisms. **1999**. Springer, Berlin, Heidelberg, New York. ISBN: 3-540-64972-7.

MATEO, C., PALOMO, J.M., FERNANDEZ-LORENTE, G., GUISAN, J.M., FERNANDEZ-LAFUENTE. Improvement of enzyme activity, stability and selectivity via immobilization techniques. *Enzyme Microb. Technol.* **2007**, 40, 1451-1463.

MEI, Y., MILLER, L., GAO, W., GROSS, R.A. Imaging the distribution and secondary structure of immobilized enzymes using infrared microscopy. *Biomacromolecules.* **2003**, 4, 70-74.

MURTOMAA, M., RÄSÄNEN, E., LAITINEN, E., YLIRUUSI, J. Effect of moisture on the electro-static charging process in a microscale fluid bed. *AAPS Pharm Sci.Tech*. **2003**, 4 (4), 418-423.

MÜHLHAUS, R., JUPKE, A., MEHRWALD, A. Verfahrensentwicklung einer enzymkatalysierten Fettsäureveresterung mittels Prozesssimulation. *Fett/Lipid.* **1997**, 99 (11), 392-399.

NAVIA, M.A., CLAIR ST., N.L. Crosslinked enzyme crystals. **1997**. US Patent 5618710.

NIEDERMEYER, T.H.J., MIKOLASCH, A., LALK, M. Nuclear amination catalyzed by fungal laccases: Reaction products of *p*-hydroquinones and primary aromatic amines. *J. Org. Chem.* **2005**, 70, 2002-2008.

NIEGUTH, R., WIEMANN, L.O., WEIßHAUPT, P., ECKSTEIN, M., THUM, O., ANSORGE-SCHUMACHER, M.B. Belastbare Enzympräparate für die technische Biokatalyse. *CIT.* **2010**, 82 (1-2) ,1-9.

NIELSEN, L.E., LANDEL, R.F. Mechanical properties of polymers and composites. Second Edition, revised and expanded. 1994. *Technology and Engineering*, New York. ISBN:824789644.

OLLIS, D.L., CHEAH, E., CYGLER, M., DIJKSTRA, B., FROLOW, F., FRANKEN, S.M., HAREL, M., REMINGTON, S.J., SILMAN, I., SCHRAG, J., SUSSMANN, J.L., VERSCHUEREN, K.H.G., GOLDMANN, A. The alpha/beta hydrolase fold. *Protein Eng.* **1992**, 5, 197-211.

OSORIO, N.M., DA FONSECA, M.M.R., FERREIRA-DIAZ, S. Operational stability of *Thermomyces lanuginosa* lipase during interesterification of fat in continous packed-bed reactors. *Eur. J. Lipid Sci. Technol.* **2006**, 108, 545-553.

PANDEY, A., BENJAMIN, S., SOCCOL, CR., NIGAM, P., KRIEGER, N. SOCCOL, VT. The realm of microbial lipases in biotechnology. *Biotechnol. Appl. Biochem.* **1999**, 29, 119-131.

PANKE, S., HELD, M., WUBBOLTS, M. Trends and innovations in industrial biocatalysis for the production of fine chemicals. *Curr. Opin. Biotechnol.* **2004**, 15, 272-279.

PATEL, R.N. Enzymatic synthesis of chiral intermediates for drug development. *Adv. Synth. Catal.* **2001**, 343, 527-546.

PAVLIDOU, S., MAI, S., ZORBAS, T., PAPASPYRIDES, C.D. Mechanical properties of glass fabric/polyester composites: Effect of silicone coatings on the fabrics. *J. Appl Polym Sci.* **2004**, 91, 1300-1308.

PETRY, I., GANESAN, A., PITT, A., MOORE, B.D., HALLING, P. J. Proteomic methods applied to the analysis of immobilized biocatalysts. *Biotechnol. Bioeng.* **2006**, 95, 984-991.

PIERRE, A.C. The Sol-Gel encapsulation of enzymes. *Biocatal. Biotransformation.* **2004**, 22 (3) 145-170.

PIONTEK, K., ANTORINI, M., CHOINOWSKI, T. Crystal structure of a laccase from the fungus *Trametes versicolor* at 1.90-Å resolution containing a full complement of coppers. *J. Biol. Chem.* **2002**, 277 (40), 37663-37669.

POLLARD, D.J., WOODLEY, J.M. Biocatalysts for pharmaceutical intermediates: The future is now. *Trends Biotechnol.* **2006**, 25 (2), 66-73.

POOJARI, Y., PALSULE, A.S., CLARSON, S.J., GROSS, R.A. Immobilization and activity of pepsin in silicone elastomers. *Silicon.* **2009**, 1, 37-45.

PRÜßE, U. Entwicklung, Charakterisierung und Einsatz von Edelmetallkatalysatoren zur Nitratreduktion mit Wasserstoff und Ameisensäure sowie des Strahlschneider-Verfahrens zur Herstellung Polyvinylalkohol-verkapselter Katalysatoren. *Landbauforschung Völkenrode.* **2000**, Sonderheft 214, Braunschweig.

PUERTAS, S., BRIEVA, R., REBOLLEDO, F., GOTOR, V. Lipase-catalysed aminolysis of ethyl propiolate and acrylic esters-synthesis of chiral acrylamides; *Tetrahedron.* **1993**, 49 (19), 4007-4014.

RAGHEB, A., BROOK, M.A., HRYNYK, M. Highly activated, silicone entrapped lipase. *Chem. Commun.* **2003**, 18, 2314-2315.

REHM, G., REED, G. Biotechnology, Biotransformations Vol. 8a. **1998**. Wiley-VCH, Weinheim. ISBN: 3-527 28318-8.

REETZ, M.T., ZONTA, A., SIMPELKAMP, J. Efficient immobilization of lipases by entrapment in hydrophobic sol-gel materials. *Biotechnol. Bioeng.* **1996**, 49, 527-534.

REETZ, M.T., TIELMANN, P., WIESENHOEFFER, W., KOENEN, W., ZONTA, A. Entrapment of biocatalysts in hydrophobic sol-gel materials for use in organic chemistry. *Advanced Materials.* **1997**, 9, 943-954.

RIVA, S. Laccases: Blue enzymes for green chemistry. *Trends Biotechnol.* **2006**, 25 (5), 219-226.

ROUQUEROL, J., AVNIR, D., FAIRBRIDGE, C.W., EVERETT, D.H., HAYNES, J.H., PERNICONE, N., RAMSAY, J.D.F., SING, K.S.W., UNGER, K.K. Recommendations for the characterization of porous solids (Technical Report). *Pure & Appl. Chem.* **1994**, 66 (8), 1739-1758.

SANCHEZ, V., REBOLLEDO, F., GOTOR, V. Highly efficient enzymatic ammonolysis of α,β-unsaturated esters. *Synlett.* **1994**, 7, 529-530.

SAXENA, R.K., GOSH, P.K., GUPTA, R., DAVIDSON, W.S., BRADOO, S., GULATI, R. Microbial lipases: Potential biocatalysts for the future industry. *Curr. Sci.* **1999**, 77, 101-116.

SCHMID, R.D., VERGER, R. Lipases: Interfacial enzymes with attractive application. *Chem. Int. Ed. Engl.* **1998**, 37, 1608-1633.

SCHOEMAKER, H.E., MINK, D., WUBBOLTS, M.G. Dispelling the myths - biocatalysis in industrial synthesis. *Science.* **2003**, 299 (5613), 1694–1698.

SCHRAG, J.D., CYGLER, M. Lipase and hydrolase fold. *Meth. Enzymol.* **1997**, 284, 85-107.

SEKEROGLU, G., FADILOGLU, S., IBANOGLU, E. Production and characterization of isopropyl laurate using immobilized lipase. *Turkish J. Eng. Env. Sci.* **2004**, 28, 241-247.

SEREFOGLOU, E., LITINA, K., GOURNIS, D., KALOGERIS, E., TZIALLA, A.A., PAVLIDIS, I.V., STAMATIS, H., MACCALLINI, E.; LUBOMSKA, M., RUDOLF, P. Smectite clays as solid supports for immobilization of β-glucosidase: Synthesis, characterization, and biochemical properties. *Chem. Mater.* **2008**, 20, 4106-4115.

SERRANO, L. Synthetic biology: Promises and challenges. *Mol. Systs. Biol.* **2007**, 3 (158), 1-5.

SHELDON, R.A. Cross-linked enzyme aggregates (CLEA®s): Stable and recyclable bio-catalysts. *Biochem. Soc. Trans.* **2007**, 35 (6), 1583-1587.

STEIN, J., LEWIS, L.N., SMITH, K.A., LETTKO, K.X. Mechanistic studies of platinum-catalyzed hydrosilylation. *J. Inorg.Organomet. Polym.* **1991**, 1 (3), 325-334.

STRAATHOF, A.J.J., PANKE, S., SCHMID, A. The production of fine chemicals by biotransformations. *Curr. Opin. Biotechnol.* **2002**, 13, 548-556.

TEUNOU, E., PONCELET, D. Batch and continuous fluid bed coating – review and state of the art. *Journal of Food Engineering.* **2002**, 53, 325-340.

TISCHER, W., WEDEKIND, F. Immobilized enzymes: methods and applications. *Top Curr Chem.* **1999**, 200, 95-126.

THUM, O. Enzymatic production of care specialties based on fatty acid esters. *Tenside Surf. Det.* **2004**, 41 (6), 287-290.

THUM, O., OXENBØLL, K. M. Biocatalysis: A sustainable process for production of cosmetic ingredients. *IFSCC Congress* **2006**.

THUM, O., OXENBØLL, K. M. Biocatalysis - A sustainable method for the production of emollient esters. *SOFW J.* **2008**, *134*, 44-47.

THUM, O., ANSORGE-SCHUMACHER, M.B., WIEMANN, L.O., BUTHE, A. Enzyme preparations for use as biocatalysts. U.S. Patent 2009/0017519 (A1).

THUM, O., ANSORGE-SCHUMACHER, M.B., WIEMANN, L.O., FERENZ, M., NAUMANN, M. Enzyme preparations. U.S. Patent 2010/0055760 (A1).

TOSA, T., MORI, T., FUSE, N., CHIBATA, I. Studies on continuous enzyme reactions. 6. Enzymatic properties of DEAE-Sepharose Aminoacylase complex. *Agr. Biol. Chem.* **1969**, 33, 1047-1056.

TUFVESSON, P., ANNERLING, A., HATTI-KAUL, R., ADLERCREUTZ, D. Solvent-free enyzmatic synthesis of fatty alkanolamides. *Biotech. Bioeng.* **2007**, 97 (3), 477-453.

UPPENBERG, J., HANSEN, M.T., PATKAR, S., JONES, T.A. The sequence, crystal structure determination and refinement of two crystal forms of lipase B from *Candida antarctica. Structure.* **1994**, 2, 293-308.

VECCHIO, G., ZAMBIANCHI, F., ZACCHETTI, R., SECUNDO, F., CARREA, G. Fourier-Transform infrared spectroscopy study of dehydrated lipase from *Candida antarctica* B and *Pseudomonas cepia. Biotech. Bioeng.* **1999**, 65 (5), 545-551.

VEIT, T. Biocatalysis for the production of cosmetic ingredients. *Eng. Life. Sci.* **2004**, 4 (6), 508-511.

VENTON, D.L., GUDIPATI, E. Entrapment of enzymes using organo-functionalized polysiloxane copolymers. *Biochim. Biophys. Acta.* **1995**, 1250, 117-125.

VERGER, R. `Interfacial activation` of lipases: Facts and artifacts. *Trends Biotechnol.* **1997**, 15, 32-38.

WANG, H.Y., KOBAJASHI, T., SAITOH, H., FUJI, N. Porous polydimethylsiloxane membranes for enzyme immobilization. *J. Appl. Polym. Sci.* **1996**, 60, 2239-2346.

WENZEL, H., HAUSSHILD, M., ALTING, L. Environmental assessment of products. Volume 1: Methodology, tools and case studies in product development. **1997**. Kluwer Academic Publishers. Hingham, M.A. USA. ISBN: 0-412-80800-5.

WICHMANN, R., WANDREY, C., BUCKMANN, A.F., KULA, M.R. Continuous enzymatic transformation in an enzyme membrane reactor with simultaneous NAD(H)-regeneration. *Biotech. Bioeng.* **1981**, 23, 2789-2802.

WIEMANN, L.O., WEIßHAUPT, P., NIEGUTH, R., THUM, O., ANSORGE-SCHUMACHER, M.B. Enzyme stabilization by deposition of silicone coatings. *Org Process Res Dev.* **2009a**, *13*, 617-620.

WIEMANN, L.O., NIEGUTH, R., ECKSTEIN, M., NAUMANN, M., THUM. O., ANSORGE-SCHUMACHER, M.B. Novel composite particles of Novozym 435 and silicone: Advancing technical applicability of macroporous enzyme carriers. *ChemCatChem.* **2009b**, 1, 455-462.

WINKLER, F.K., D´ARCY, A., HUNZIKER, W. Structure of human pancreatic lipase. *Nature.* **1990**, 771-774.

YAHYA, A.R.M., ANDERSON, W.A., MOO-YOUNG, M. Ester synthesis in lipase-catalyzed reactions. *Enzyme Microb. Technol.* **1998**, 23, 438-450.

ZAKS, A., KLIBANOV, A.M. Enzymatic catalysis in organic media at 100 °C. *Science.* **1984**, 224, 1249-1251.

Die VDM Verlagsservicegesellschaft sucht für wissenschaftliche Verlage abgeschlossene und herausragende

Dissertationen, Habilitationen, Diplomarbeiten, Master Theses, Magisterarbeiten usw.

für die kostenlose Publikation als Fachbuch.

Sie verfügen über eine Arbeit, die hohen inhaltlichen und formalen Ansprüchen genügt, und haben Interesse an einer honorarvergüteten Publikation?

Dann senden Sie bitte erste Informationen über sich und Ihre Arbeit per Email an *info@vdm-vsg.de*.

Sie erhalten kurzfristig unser Feedback!

VDM Verlagsservicegesellschaft mbH
Dudweiler Landstr. 99   Telefon +49 681 3720 174
D - 66123 Saarbrücken   Fax   +49 681 3720 1749
www.vdm-vsg.de

Die VDM Verlagsservicegesellschaft mbH vertritt

Printed by Books on Demand GmbH, Norderstedt / Germany